矿产地质勘查理论与实践研究

主　编　吴树宽　张先福　张灵桧
副主编　赵立志　王有斌　王　彬　安宏林

U0248088

群言出版社
QUNYAN PRESS
·北京·

图书在版编目（ＣＩＰ）数据

矿产地质勘查理论与实践研究 / 吴树宽，张先福，
张灵桧主编． -- 北京：群言出版社，2023.12
　ISBN 978-7-5193-0911-4

　Ⅰ．①矿… Ⅱ．①吴… ②张… ③张… Ⅲ．①矿产资
源－地质勘探－研究 Ⅳ．① P624

中国国家版本馆 CIP 数据核字（2023）第 254212 号

责任编辑：孙平平　张启超
封面设计：知更壹点

出版发行：群言出版社
地　　　址：北京市东城区东厂胡同北巷1号（100006）
网　　　址：www.qypublish.com（官网书城）
电子信箱：qunyancbs@126.com
联系电话：010-65267783　65263836
法律顾问：北京法政安邦律师事务所
经　　销：全国新华书店

印　　　刷：三河市腾飞印务有限公司
版　　　次：2023年12月第1版
印　　　次：2023年12月第1次印刷
开　　　本：710mm×1000mm　1/16
印　　　张：6.25
字　　　数：130千字
书　　　号：ISBN 978-7-5193-0911-4
定　　　价：42.00元

【版权所有，侵权必究】

如有印装质量问题，请与本社发行部联系调换，电话：010-65263836

作
者
简
介

　　吴树宽，青海省西宁市人，硕士研究生学历，毕业于长安大学，构造地质学专业，现任职于青海省第五地质勘查院，高级地矿工程师，担任矿产分院副分院长一职，主要研究方向：构造地质学、矿床学、构造与成矿。

　　张先福，青海省西宁市人，毕业于长春工程学院，资源勘查工程专业，现任职于青海省第五地质勘查院，中级工程师，主要研究方向：矿产勘查。

　　张灵桧，青海省海东市人，毕业于青海大学，资源勘查工程专业，现任职于青海省第五地质勘查院，地质矿产工程师，主要研究方向：矿产勘查。

前　言

　　矿产地质资源是促进我国经济发展的重要支柱之一，并且近年来随着我国经济发展速度的加快，矿产地质资源的需求量也在逐年增长。在科学技术快速发展的过程中，矿产地质勘查的相关技术方法也在不断改革与创新，不同的技术方法在实际的应用过程中可以达到不同的效果，国内外先进技术经验不断融合，形成了许多新的地质勘查技术和勘查理论体系。但从当前我国矿产地质勘查工作的实际现状来看，矿产盲目开采现象仍然存在，造成的损失也比较巨大，这都是缺乏必要的信息及数据支撑所导致的。所以，针对矿产地质勘查工作理论及实践，还需要进行相关深入研究。

　　全书共五章。第一章为绪论，主要阐述了矿产资源的分布、矿产资源的特征、矿产资源的地质勘查条件、矿产地质勘查的基本特征、矿产地质勘查的基本原则等内容；第二章为矿产地质勘查基本理论，主要阐述了勘查特征与理论思路、基本理论与四大基础、对立统一与优化准则等内容；第三章为矿产地质勘查依据、信息与技术，主要阐述了矿产地质勘查依据、矿产地质勘查信息、矿产地质勘查技术等内容；第四章为矿产地质勘查的阶段划分，主要阐述了矿产调查评价阶段、矿产普查阶段、矿产详查阶段、矿产勘探阶段等内容；第五章为矿产地质勘查的实例分析，主要阐述了国外矿产地质勘查实例和国内矿产地质勘查实例等内容。

　　全书由吴树宽（青海省第五地质勘查院）统稿，并担任第一主编，参与编写4万字；张先福（青海省第五地质勘查院）担任第二主编，参与编写约3万字；张灵桧（青海省第五地质勘查院）担任第三主编，参与编写约2万字；赵立志（青海省第五地质勘查院）担任第一副主编，参与编写约1万字；王有斌（青海省第五地质勘查院）担任第二副主编，参与编写约1万字；王彬（青海省第五地质勘查院）担任第三副主编，参与编写约1万字；安宏林（青海省第五地质勘查院）担任第四副主编，参与编写约1万字。

　　在编写本书过程中，编者借鉴了国内外很多相关的研究成果，在此向相关学者、专家表示诚挚的感谢。

　　限于写作水平，书中难免有一些内容还有待进一步深入研究和论证，在此恳切地希望读者朋友予以斧正。

目　　录

第一章 绪论

矿产资源属于耗竭性资源，是社会、工业、科学技术发展必不可少的物质基础，直接影响着一个国家的生产力。随着矿产资源的不断开发并广泛运用于人类生产生活，矿产资源开发的科学管理愈发重要，已经成为当下各地又好又快发展的重要保障。矿产资源作为国有重要资源，具有不可再生性，政府对矿产资源的勘查、开采和保护等的管理体系，关系国家和地方的民生与经济。本章分为矿产资源的分布、矿产资源的特征、矿产资源的地质勘查条件、矿产地质勘查的基本特征、矿产地质勘查的基本原则五个部分。

第一节 矿产资源的分布

一、世界矿产资源分布概况

（一）铂族金属

自然界中铂族金属以独立矿物形式广泛分布。铂族金属由铂、钯、锇、铱、钌、铑 6 种金属元素组成。其中，以铂和钯用途最广、消费量最大。铂族金属具有电热稳定性、高温抗氧化性能强等特点。由于铂族金属资源的稀缺，至今还没有任何一类其他金属或材料能够达到铂族金属的高科技和经济价值，所以铂族金属日益受到各国的重点关注。

全球铂族金属资源总储量在 2008—2020 年呈现波动下降的趋势。据美国地质调查局（USGS）统计，2020 年世界铂族金属储量为 6.9 万吨，资源分布高度集中，南非、俄罗斯、津巴布韦、美国、加拿大是世界上铂族金属资源最丰富的 5 个国家，分别占比 91.3%、5.65%、1.74%、1.30%、0.45%。南非与俄罗斯是铂族金属的主要生产国，2020 年产量占当年总产量的 80%。截至 2022 年世界铂族金属储量为 7.0 万吨。其中，南非的铂族金属储量最为丰富，2022 年储量达到 6.3 万吨，占据着全球铂族金属总储量约 90%。

（二）铬矿

铬以铬铁的形式消耗，生产不锈钢。据美国地质调查局（USGS）统计，世界铬资源超过 120 亿吨航运级铬铁矿，足以满足想象中的几个世纪的需求，所以铬资源量并不紧缺，但铬资源在地理位置上的分布极不均匀。大型、超大型铬矿床在地理上集中分布在哈萨克斯坦、南非、印度等少数国家。除这些铬矿资源丰富的地区外，土耳其、芬兰、美国、巴西、阿尔巴尼亚的铬矿资源也较为丰富；中国、日本、越南、菲律宾、伊拉克、巴基斯坦等 40 多个国家也拥有铬矿资源。2020 年全球铬资源总储量 5.7 亿吨，哈萨克斯坦、南非、印度是铬矿资源最丰富的 3 个国家，储量分别为 23 000 万吨、20 000 万吨、10 000 万吨，合计约占全球铬资源查明总储量的 93%。2008—2020 年全球铬铁矿产量总体呈上升态势，总产量从 2380 万吨增长至 4000 万吨。世界铬矿资源五大生产国分别是南非、哈萨克斯坦、土耳其、印度、芬兰，2020 年的产量占比分别为 40%、16.75%、15.75%、10%、6%。在 2019 年后，铬资源产量呈现下降趋势。近几年，南非一直是世界最大的铬铁矿生产国，但由于铬铁生产高度集中，南非电力供应受到限制，电力成本上升，这些都对铬铁产量造成了一定的影响。据美国地质调查局（USGS）统计，2022 年全球铬矿产量约为 4100 万吨。南非依然是主要的铬铁矿生产国。

（三）镓矿

中国是世界上镓资源储量最丰富的国家，约占世界镓资源查明总储量的 80% ～ 85%。自然界中的镓资源大部分蕴藏在铝土矿中。在现有的技术水平下，只有不到 1/10 的镓可以从铝土矿中提取出来，镓资源产量潜力巨大。锌矿床中也含有丰富的镓元素，目前世界上已知的锌矿资源约 19 亿吨，但仍然存在着许多尚未发掘的锌资源，其中镓的含量为 0.01% ～ 0.02%。同时，镓回收技术水平的不断提高，也将极大地提升世界范围内的镓资源供给能力。全球镓资源产量在 2008—2020 年总体呈增长态势。

美国地质调查局统计数据显示，2020 年全球原生镓产量约 300 吨，较 2019 年下降了约 15%。中国镓资源产量占全球年产量的 96% 以上，为 290 吨，位居世界第一。除中国外，俄罗斯、日本、韩国等国也是原生镓生产国。其中，

2020 年俄罗斯原生镓产量为 4 吨，2015 年以前俄罗斯年产量稳定维持在 10 吨左右，2016—2017 年受到价格波动的影响年产量降低至 8 吨，2018 年因受到美国的制裁年产量下降至 6 吨，2019 年继续下滑至 4 吨。日本和韩国镓资源年产量连续数年均稳定在 3 吨，其中日本生产的镓为锌冶炼的副产品。2022 年全球原生镓储量 650 吨左右。中国原生镓产量约 606 吨，作为原生镓生产大国，中国镓产量占全球产量比例达 90%。除原生镓外，一些国家利用部分电子产品中的镓或者加工过程中产生的镓废料进行资源回收利用，生产再生镓。当前日本是再生镓的主要生产国。由于我国的镓矿回收利用技术水平较低，再生镓资源产量水平较低。加拿大、中国、德国、日本、斯洛伐克以及美国由于镓矿资源极度缺乏，主要是从新废料中回收镓资源，实现对镓的再生利用，以降低镓矿资源供应压力。

（四）铜矿

全球铜矿资源十分丰富，分布范围广泛，分布极不均匀。根据美国地质调查局的统计数据，世界铜资源总储量 8.7 亿吨，储量排名前三的分别为智利（2 亿吨）、秘鲁（9 200 万吨）和澳大利亚（8 800 万吨），分别占世界铜资源总储量的 22.99%、10.57%、10.11%。智利拥有世界上数量最多的铜矿资源，已探明的铜矿储量约占全球铜矿总量的 1/5，智利、秘鲁的铜储量占全球铜矿总量的 33.56%，拉美是铜矿资源的主要来源地，对世界铜矿市场有较大的影响力。2008—2020 年，全球铜资源产量和储量整体上呈现上升趋势。全球铜矿产量从 2018 年的 2 100 万吨略降至 2019 年的 2 040 万吨，这主要是因为印度尼西亚巴图希约和格拉斯伯格的铜矿开采量下降，而该地区的矿业正向新的矿区迁移。智利的铜矿产量也因矿石品位降低、工人罢工以及气候因素而减少。其他许多国家铜矿产量的增长弥补了这种下降。截至 2022 年，全球铜矿产量（金属量）为 2 192.2 万吨，同比增长 3.0%。智利仍然是全球铜资源储量最大的国家。

二、中国矿产资源具体分布概况

如今，中国已经发现的资源种类已经接近 200 种，已经发现有储量的种类是 162 种，这当中包括能源 8 种，非金属矿 90 种，水汽矿 3 种，还有金属矿产 54 种，中国总共的矿区大概有 20 000 个。当前，中国已经发现的矿产能源在全球的总量上已经超过了 10%，名列第三，排在美国和俄罗斯后面，但是需要注意的是，中国的人均能源数量是非常低的，在全球排名第 53 位，仅占到了全球人均量的 58%。中国的石油、天然气、铜、银、铬、铁、铀、硫、铝土矿、锰、金、钾盐 等在全球所占的百分比一直处于比较低的位置，但是在全球范围来看中国储量较 多的资源有稀土、钼、钨、锑、锡等。然而与经济发展关系非常密切的矿产资源， 如铁、铝、锰、铜、磷、硫等在中国都非常贫乏，开发情况较差。中国稀土能源 的一半多都用于出口，在全球总量上占到了 90%。中国的矿产资源主要分布情况 是这样的，中国的石油和天然气主要在东北、西北和华北地区。煤炭资源主要是 在华北地区和西北地区，铁矿资源主要集中在东北地区、西南地区和华北地区， 铜矿资源主要集中在西南地区、华东地区和西北地区，铅锌一般在中国各地都有 分布。钨、锑、锡、钼、稀土矿主要在华南地区和华北地区。金银矿产在全国各 地都有分布，台湾也有主要的产地。华南的矿产主要是磷矿。

2017 年，中国的矿产中发现资源储存量有所增长的有 42 种，减少的有 6 种。 在这当中，中国的石油可以开采的数量增长了 1.2%，页岩气增长了 62%，天然 气增长了 1.6%，煤炭的储存量增长了 4.3%，煤层气下降了 9.5%，锰矿增长了 19.1%，铝土矿增长 4.9%，铜矿增长 4.9%，钼矿增长 4.3%，金矿增长 8.5%，锑 矿增长 4.1%，萤石增长 8.9%，磷矿增长 3.6%，晶质石墨增长 22.6%，钾盐下降 2.8%[①]。已探明储量的黑色金属矿物有 5 种，分别是铁、锰、铬、钒和钛。铁矿 石资源总量预测为 1500 亿吨，探明铁矿石储量近 500 亿吨，居世界第五位。铁 矿石主要分布在鞍山—本溪、密云—禹东、五台—义县、包头—白头—宝波、 攀西和宁浪峪等 6 个地区，占全国总储量的 60%。主要是，只有 50% 的富矿石 含有超过 50% 的铁，只有 2% 可直接放入炉中。中国锰矿资源丰富，其中约三 分之二分布在广西、湖南和贵州，其次分布在辽宁、四川、云南等地，预计资 源量为 30 亿吨。在探明储量中，贫矿石占总储量的 90% 以上，耐火碳酸锰矿 石占 56%。中国铬矿成矿地理环境较差，资源稀缺，现有矿床一般都位于西藏、 新疆等偏远地区，铬铁矿资源量大约为 1 000 万吨。因为交通不方便，开发不 便利，中国经常使用国外的一些能源来弥补。钒钛矿物丰富，主要是四川攀枝 花铁矿的相关岩石。钛储量居世界第一位。钒矿储量居世界第二位。两者都足 以确保国内建筑需求。中国的有色金属资源丰富，矿产资源丰富。已探明的钨、 锡、钼、锑和汞储量居世界前列。铝、铅、锌和镍具有巨大的潜力，近年来可 以满足生产需要。2022 年 6 月 14 日，自然资源部发布了 2022 年度全国矿产资

---

① 本数据来源于自然资源部公布的 2017 年中国主要矿产资源储量报告。

源储量统计数据。数据显示，我国已有查明矿产资源储量的 163 个矿种，近四成储量均有上升，其中锂矿储量（折氧化锂）同比增加 57%。锂、钴、镍等战略性新兴矿产储量分别同比增加 57%、14.5% 和 3%；铜、铅、锌等大宗矿产储量分别同比增加 16.7%、7.1% 和 4.2%；铍、锗、镓等稀有金属储量分别同比增加 11.7%、7.9% 和 16.5%；金矿储量同比增加 5.5%。非金属中，普通萤石、晶质石墨储量分别同比增加 27.8% 和 3.5%。我国锂矿种类丰富，主要分布在江西、青海、四川和西藏等 4 省（区）。根据 2022 年度统计数据，我国锂矿储量大幅增加，储量增量的 94.5% 来自江西。江西储量超过青海和四川，跃居全国第一。

（一）金属矿产资源的分布

我国金属矿产资源总量大，总体看金属品种比较齐全，铁、铜、铝、铅、锌、镍等主要金属矿产储量都不小，但是人均资源占有量很低，有些品种如铬、钴、铌等储量低，且多数金属矿产资源品位低，采选难，总体上表现为资源弱国。进入 21 世纪以来，随着我国经济的持续发展，社会相关行业对各种金属矿产资源的需求量大幅度增加，国内主要金属矿产资源已经不能满足经济发展的需要，对外依存度不断上升。

截至 2022 年，我国主要金属矿产储量大致分为以下 20 种，其中铁矿的矿石储量约 161.24 亿吨，锰矿的矿石储量约 28 168.78 万吨，铬铁矿的矿石储量约 308.63 万吨，钒矿的储量约 786.74 万吨，钛矿的诸量约 22 383.35 万吨，铜矿的储量约 3494.79 万吨，铅矿的储量约 2 040.81 万吨，锌矿的储量约 4 422.90 万吨，铝矿的储量约 71 113.71 万吨，镍矿的储量约 422.04 万吨，钴矿的储量约 13.86 万吨，钨矿的储量约 295.16 万吨，锡矿的储量约 113.07 万吨，钼矿储量约 584.89 万吨，锑矿的储量约 64.07 万吨，金矿石的储量约 2 964.37 吨，银矿的储量约 71 783.66 吨，铂族金属的储量约 87.69 吨，锶矿的天青石储量约 2 463.98 万吨，锂矿的储量约 404.68 万吨。我国已经成为世界主要金属矿产资源进口国。

1. 铁矿

中国是铁矿资源总量丰富、矿石含铁品位较低的一个国家。截至 2022 年我国铁矿石原矿产量为 9.68 亿吨，较 2021 年小幅度下降 1.3%。我国铁矿石原矿产量排名前三的省份——河北、辽宁和四川的产量分别为 4 亿吨、1.55 亿吨和 1 亿吨左右，分别占比全国产量的41.4%、16.1%和10.3%。除上海市、香港特别行政区外，铁矿在全国各地均有分布，东北、华北地区资源最为丰富，西南、中南地区次之。就省（区）而言，辽宁位居榜首，四川、安徽、云南、河北、山西、内蒙古次之。中国铁矿以贫矿为主，富铁矿很少，富矿保有储量在总储量中仅占2.53%，仅仅见于海南石碌和湖北大冶等地。

2. 铜矿

中国是世界上铜矿较多的国家之一，总保有储量6 243万吨，居世界第7位。探明储量中富铜矿占35%。铜矿分布广泛，除天津、香港特别行政区外，包括上海、重庆、台湾在内的全国各省（市、区）皆有产出。已探明储量的矿区有910处。首先江西铜储量位居全国榜首，占20.8%，其次是西藏，占15%；再次为云南、甘肃、安徽、内蒙古、山西、湖北等省，各省铜储量均在300万吨以上。但是近年我国的经济建设需要大量的铜，仅仅靠国内的铜矿供应已不能满足发展的需要。2009年国内精炼铜矿产量约为500万吨，原料的对外依存度超过60%。预计我国将长期大量进口各类铜产品，是世界上最大的铜产品进口国。2016—2020年，中国缺乏大型铜矿新建或扩建项目，接替资源不足，加之与日俱增的环保压力，铜矿产量整体下滑。2021年起，随着西藏玉龙铜矿二期达产，以及驱龙铜矿一期投产，中国铜矿产量逐步回升。截至2022年，中国铜矿产量190万吨，较2021年小幅下滑。

3. 铝矿

中国的铝土矿储量还是比较丰富的，世界排名第七。从产量情况看，2017—2020年，全球铝土矿产量呈稳步上升趋势。截至2022年，中国铝土矿产量达到4.6亿吨，同比增长4.5%，主要集中在山东、山西、河南、广西等地。

4. 镍矿

我国31个省（市、区）中，已有19个省（市、区）探明存在镍矿床，但主要集中于甘肃、新疆、青海和吉林，合计占全国资源量的79%。甘肃镍矿储量位列全国之首，占全国镍矿总储量的62%，其次是新疆（11.6%）、云南（8.9%）、吉林（4.4%）、湖北（3.4%）和四川（3.6%）。

5. 金矿

截至2022年黄金总供应量同比增长2%，停止了连续两年的下滑趋势。全年金矿产量达到 3612 吨，创下 2018 年以来的最高值。但是预计随着经济的发展，我国对境外金属资源的需求量将越来越大。

6. 钨

中国为世界产钨最多的国家，江西省是中国产钨最富之区，湖南省是中国钨业兴起之源，而广东省则是经营中国钨矿内外贸易的极佳之地。截至 2022 年，全球钨产量预计 84 000 吨，与 2021 年相比增加 0.24%。其中，中国钨产量仍然是最高的，为 71 000 吨，占全球总产量的 84.52%。

7. 钴矿

我国钴矿资源较少，特别是独立的钴矿床很少，主要与铁、镍、铜等其他矿物一起作为伴生矿物产出。钴是一种具有历史意义的稀贵金属，2022 年全球钴资源产量 19.7 万金属吨，同比增长 21.0%。其中，刚果（金）产量 14.2 万金属吨，全球占比 71.8%，其他国家产量均在 1 万金属吨以下。中国是钴消费大国，但钴资源匮乏，主要依靠从刚果（金）进口。我国的钴矿资源大多伴生在铜、镍、铁矿中，如甘肃金川的白家嘴子铜矿、吉林磐石的红旗岭铜矿、山西中条山铜矿、湖北大冶铁矿、山东金岭铁矿，钴常作为副产品加以回收。已知钴矿产地 235 处，分布于 25 个省（区），以甘肃省储量最多，约占全国总储量的 15%，其中金川为甘肃省主要钴产地，其伴生钴储量 14.42 万吨。对中国钴储量大于 1 000 吨的 50 多个矿床的统计分析表明，钴的平均品位仅为 0.02%，生产成本高，但回收利用率低。

8. 锡矿

我国是世界上锡矿资源最丰富的国家，根据国家发展改革委编制的《战略性矿产资源产业高质量发展规划纲要（2020—2035）》，锡属于我国的优势资源，锡总储量 407 万吨，居世界第二位，矿产资源分布在 15 个省（自治区），其中广西和云南省储量最大，分别占全国的 32.9% 和 31.4%，其次是湖南、内蒙古、广东和江西，上述 6 省（自治区）储量占全国的 93%。中国的锡矿床主要分布在几个特定构造位置的地带，特别是环太平洋、特提斯—喜马拉雅、天山—大兴安岭等板块俯冲碰撞形成的深断裂系和造山带。主要分为原生锡矿和砂锡矿两类，其中以原生锡矿为主。锡矿资源储量中占有较大比例的矿床主要是矽卡岩型、锡石－硫化物型和石英脉型。矽卡岩型集中分布在南岭中段湘南等矿集区，锡石－

硫化物型主要集中在桂北、滇东等地，石英脉型则主要集中在华南地区的闽西、赣中、粤北和湘南等地。

（二）非金属矿产资源的分布

截至 2022 年非金属矿产资源比较丰富，大致有 23 种，其中苏镁矿的矿石储量约 57 991.13 万吨，黄石的矿物储量约 6 725.13 万吨，耐火黏土的矿石储量约 28 489.19 万吨，硫铁矿的矿石储量约 131 870.73 万吨，磷矿的矿石储量约 37.55 亿吨，钾盐的储量约 28 424.65 万吨，硼矿的矿石储量约 1 119.29 万吨，钠盐的储量约 206.28 亿吨，芒硝的储量约 377.96 亿吨，重晶石的储量约 9 154.87 万吨，水泥用灰岩的储量约 421.06 亿吨，玻璃硅质原料的储量约 16.46 亿吨，金刚石的矿物储量约 183.19 千克，晶质石墨的储量约 7 826.33 万吨，石棉的储量约 1 789.68 万吨，滑石的储量约 7 175.29 万吨，硅灰石的储量约 6 439.44 万吨。我国在非金属矿产资源的开发利用技术水平及矿产品深加工技术方面相比于发达国家还有一定差距，我国的非金属矿产资源开采方式大多为露天开采，在矿物的选冶技术上还比较落后，在开发利用过程中偏重于对经济效益的获取。

第二节　矿产资源的特征

一、稀缺性

矿产资源最本质的属性是稀缺性，即有限性。稀缺性主要涉及供求关系和价格两个因素，如矿产资源的价格高或价格指数增大，意味着矿产资源稀缺度增高。矿产资源稀缺问题一直是亟待解决的问题。矿产资源储量和质量（或品位）的有限性，带来了矿产资源经济上的稀缺性，矿产资源分布具有区域性、不均衡性等特点，形成了矿产资源勘查开发方面的硬性约束，影响相关制度的建设，从而影响区域经济发展，甚至社会发展。首先，从矿产资源稀缺性及其程度制约经济发展规模来看，由于矿产资源稀缺性引起的资源约束会限制区域经济发展，这些短缺的资源往往是经济发展的"瓶颈"，从长远来看，经济结构的调整和可替代资源的研究可缓解资源约束。其次，从矿产资源矿种构成、不均衡性分布方面来看，其会影响区域产业发展和经济结构。资源的稀缺性影响着一个国家或地区的经济布局甚至是发展模式的选择，一定的资源赋存状况决定着一定的可选择的经济发展模式，进而影响制度变迁和安排。总之，由于矿产资源的有限性，以及社会经济发展对矿产资源的需求不断扩张，必须在遵循自然规律和社会规律的基础上，以矿产资源产权可交易性为前提和基础，设计矿产资源产权交易制度。通过制度设计和科技进步克服资源稀缺的限制，进而不断优化矿产资源开发利用技术和资源保护方式，调整产业结构，提高矿产资源的开发利用效率，实现矿产资源供求的动态平衡，促进经济和社会的和谐发展。矿产资源相对稀缺程度的判断常常借助于一系列经济指标，主要包括矿产资源价格、开采成本和租金等。

一是价格。美国布兰代斯大学历史学教授大卫·哈克特·费舍尔（David Hackett Fischer）在研究了多种资源价格变动情况后得出结论，许多可耗竭资源价格的走势一般呈 U 形，起先由于技术落后，资源开发利用难度大，价格较高；随后，由于勘探开发技术的进步，勘查和开发的资源量逐渐加大，成本相对降低，资源的价格也随之下降；随着时间的推移，矿产资源的发现难度越来越大，导致矿产资源勘查成本增加，价格也相应增加。由此可见，价格是衡量资源稀缺状况的一个重要指标。价格越高或价格指数越大，则资源稀缺度越高；反之亦然。

二是开采成本。在矿产资源开发过程中，企业为了追求短期利益最大化，常常先开发品位较高的矿产资源，剩下的品位较低的后开采，这样开采品位相对较低的矿产资源所需的成本必然不断上升。这种开发成本随着资源开采量的增加而增长的趋势也反映了矿产资源的稀缺程度，开发成本越高，资源就越稀缺。另外，矿产资源的开发成本也受科技进步和经济规模等因素的影响。

三是租金。租金是存量矿产资源的影子价格，可以用来衡量矿产资源的稀缺程度。但由于边际开采成本难以计量，以及市场的不完善和政府过度干预都会使价格扭曲，因此租金很难准确反映资源的稀缺程度。

二、伴生性

矿产资源具有伴生性，相关统计表明，我国伴生矿种类繁多，如仅仅铅锌矿中就有 50 多种伴生矿，而铅锌矿中的银矿含量则占到全国银储量的 60% 左右，产量则占 70%。伴生矿种类丰富且含量丰富，似乎很具有开采价值，但恰好相反，虽然有的伴生矿有良好的潜在价值，但相关的开采技术要求很高，其主体矿与伴生矿之间的分选冶炼难度很大，不仅会提高开采利用成本，也降低了矿产开发效益，并不具备竞争优势。因此，虽然我国的伴生矿种类丰富，但矿产资源的回收利用率低，仅为3%至50%，而矿产资源的利用率也才在极低的30%左右，因此，加大矿产资源勘查开发力度，提高矿物质利用水平，对促进国家开发技术创新发展具有重要意义。

三、价值性

矿产资源是经济社会发展的重要物质基础，在现实生活中应用领域十分广泛，如果我们细心观察会发现，它在我们身边随处可见，如飞机、窗户、汽车等。可以说，矿产资源在现实生活中分布的普遍性，也说明了它具有非常高的使用价值和社会价值，同时也会产生巨大的社会效益和经济效益。对于地方政府来说，对矿产资源进行开发，会带来大量的财政收入，壮大地方财政实力，有力助推地方经济社会的发展。对于企业来说，对矿产资源进行开发，会产生丰厚的利益回报，特别是对于传统的矿产资源开发模式来说，操作简单，成本低廉，利润高昂，回报率高。

第三节　矿产资源的地质勘查条件

一、强化风险防御意识，保障工作人员的生命安全

由于地质矿产资源勘查大都是野外作业，因此该项工作也具有较高的风险性，极端天气、险峻地势和救援困难都是威胁相关工作人员生命安全的重要因素，而这些因素又是自然的、人为因素无法抗拒的，因此做好风险防御工作，加强对危险因素的预见性防护，对保障地质矿产资源勘查工作顺利开展具有重要意义。具体就是要在工作实践中做到：一是要完善实地勘查工作人员的硬件安全防护设备，尽量为其量身准备轻便易携带的安全防护物资，并制定好完善的应急处理预案，最大限度地保证工作人员的生命安全；如果出现突发的、不可抗的自然外力安全事件，要及时启动应急预案进行紧急救援，最大限度增加工作人员的生存概率，减少人员伤亡损失。二是要加强对勘查工作人员的安全教育，帮助其掌握丰

富的应急处理措施和急救方法，提高其风险防御能力和危机处理能力。

二、提前做好各项规划工作

在地质矿产勘查工作开展的过程中，要提前做好各项规划工作。规划工作大致可以分为两大方面，一是要把握工作重点，二是要对设备和人员进行前期谋划。对于地质矿产勘查工作来说，一般情况下都会面临时间紧、任务重的典型问题。为了能够有效保证在较短的时间内，提高工作质量，完成好既定目标的矿产勘查工作，需要重点做好工作规划与部署，把握工作的重点内容，做到详略得当，有条不紊地推进。除此之外，在突出重点的过程中，还要注意各项地质矿产勘查工作要和当前的社会背景和技术水平密切结合，根据国家发展的实际需求和当前主流的探测技术、找矿技术等，明确各个阶段的工作任务。按照先急后缓的工作原则来开展实际的地质矿产勘查工作。另外，还要继续做好设备和人员的前期谋划工作。在这个过程中，应根据实际的工作需要，科学地选择设备与技术，并安排专人负责，本着效率最大化的原则，尽量避免勘查过程中在人力、物力等方面的资源浪费。

三、合理分析地壳运动规律

在矿产资源开发中，必须高度重视铁矿、煤矿等资源，主要是因为这类矿与水文沉积作用密切相关，沉积作用也与地壳运动有关。目前资料显示大西洋和东非大裂谷周围的矿藏是地壳运动造成的，但这两个矿距离很远。对此，只有有效地了解地壳运动规律和矿床分离原理，才能理解矿产地质勘查的实质性效果。在地壳运动分析中，必须有效地分析矿物形成的时间和矿床形成的地质环境和条件。只有这样，才能全面研究矿山的成矿特征，明确其周围环境。

四、统筹规划、合理组织

为推进地质矿产勘查工作，提升找矿技术水平，矿山企业应统筹规划各项目，创建地质勘查计划，根据实际情况提出相关勘查任务，梳理工作内容、制度关系，确保勘查及找矿工作合理有序。如"川主庙项目"结合矿体特征，总结和分析规律，依照矿区地形、位置、深度等因素，规划和整理各类勘查工作，创建相对应的勘查举措，运用勘查线法，结合勘查状况，对构建的地质绘图进行调整，坚持因地制宜、循边施工、从稀到密等原则，创建修测、地质填图、水工环等工作方案，其间还要丰富开采技术应用。工作人员在实施地质矿产勘查作业期间，应将预算成本纳入研究之中，兼顾质量安全和勘测质量，不断优化工序，节省成本费用，同时，应遵循可持续原则，考虑多种作业对自然环境的影响。另外，还要坚持统筹规划原则，合理化利用资源，改善大规模成矿区地质勘测和找矿条件。因此，对矿产行业来说，应将传统方法和现代技术结合，除了要加大科技研发力度，还要创建高层次、高水平团队，增强并提升工作人员的专业技能和综合素质，尤其要对复杂地质进行分析，及时了解矿区分布情况，不断提升勘查与找矿效率。

五、完善的开采准入标准

在地质资源开采环节，相关部门还要完善并优化市场准入标准，从而逐渐淘汰一部分开采设备相对落后的、技术不够先进的企业，控制好不必要的资源浪费。同时，帮助一些小型企业或者即将被淘汰的企业构建完善的管理机制，帮助其提高自身的开采技术，进而不断增强市场竞争力。长此以往，地质矿产资源开采市场会逐渐形成良性竞争环境，保证有序实施矿产资源开采。

另外，坚持优化开采地质矿产资源的标准，能够在市场之中形成技术研发风气，以此来推动企业对于新技术的开发，改善矿产资源市场竞争，最终有效保护地质矿产资源。在开采地质矿产资源过程中，还需要与市场的发展情况相互结合，最终优化资源开采成果。

第四节　矿产地质勘查的基本特征

一、不确定性

地质勘查项目受到自身性质的影响，与其他类型或普通建筑工程项目相比，存在诸多不可预料因素，如地质条件复杂，作业人员在实施之前没能全面掌握实际状况；在这些问题的影响下，地质勘查作业人员如果想要高效完成野外作业，就要保证作业现场具备良好的施工条件，但是难以在前期阶段对野外作业过程中不可预料的问题引发的费用进行估算，不利于提高地质勘查企业勘查项目成本管理效果。

二、点多面广

我国幅员辽阔，资源丰富，与其他国家的矿产资源状况进行对比，具有矿产资源丰富、分布范围广等特征，所以我国各个地区具有诸多地质勘查项目。不仅如此，往往地质勘查项目矿区勘查范围大，野外勘查作业具有点多面广的特征。

三、作业环境差

通常状况下，地质勘查项目大部分为野外作业，主要是开展地质填图和钻探施工等勘查工作，项目作业所在区域主要为山地、丛林野外，不仅要在偏僻的高山和热带雨林地区施工，也存在地势险恶、交通不便、人员稀少等问题，并且作业人员极易受到毒虫或是传染病的侵袭，这些都是地质勘查项目作业环境差的具体表现。

四、高风险性

矿产地质勘查的风险性既包括投资回报的高风险性，又体现在勘查工作人员的生命安全上。一方面，有些矿山并不清楚是否含有矿床，如果投入大量的勘测仪器和人力，但无法收获相应的有效信息，就会蒙受巨大的损失。矿山勘查工作是由浅入深的过程，而矿床是否存在，需要勘查人员花费大量精力研究，但矿产勘查的成功率非常低。在矿山查找过程中，一般都会经历发现矿点、初探、普查、详细勘查等一系列过程，在这一系列的过程中，约有 90% 的矿点被淘汰，并不值得开采投资。例如，美国在查找放射性矿床的过程中，其勘查成功率大约只有 0.7%，大部分的矿点都不满足要求，而其中勘查成本巨大，在国内也是如此，稀有矿产的勘查成功率也仅仅是 1%，因此，矿石地质勘查投资具有极高的风险性。另一方面，矿山勘查的风险性还体现在勘查工作人员的生命安全上。具体而言，矿山大部分都分布在未知的区域，基本上都是荒郊野岭，没有相关的信息。为了寻找相应的标本进行化验，勘查人员需要进山勘查，但山中极有可能藏着毒虫猛兽，威胁着勘查人员的生命安全，并且有时候没有通信信号，对勘查人员来说还有迷失方向的危险。

五、勘查方法多元化

在矿产地质勘查中，勘查的方法是多种多样的，呈现出多元化的特征，主要包括以下几种方法。

第一，地球化学理论是地质化学找矿技术发展与应用的重要原理。借助现代信息技术，地球化学找矿方法的应用可实现对矿岩、水、天然气等物质的采集、分析，然后再在仪器、设备、技术的帮助下，分析相关的地质数据，有效揭示、反映原生地的物化异常现象，实现对深层地下矿产的准确定位，甚至可用于第四纪覆盖层以下的隐伏矿体的寻找。地球化学找矿技术在找矿、环境保护、工业生产、医疗等行业都有着较为重要的应用。较之其他找矿方法，地球化学找矿方法的应用效果较为明显，优势也更为突出，其在实际应用过程中涉及的设备比较简单，携带方便，采样效率比较高。在不断提升的现代信息数据处理技术的推动下，地球化学找矿方法多、快、好、省的应用优势越发突出。对于石化地质层较为薄弱的位置，地球化学找矿方法的应用效果也较为明显。然而，自然环境等因素也会对该方法的实际应用效果造成一定影响，导致其应用存在一定的局限性。

第二，地震勘探法是我国目前一种新型勘探方法，这种找矿技术能够应用地下介质的弹性和密度之间的区别。这种找矿技术的原理是通过地质反射来识别出潜在反应体，然后获取相关数据参数。地震勘探法在目前的固体矿产资源勘查过程中使用得十分广泛。同时，这种方法也能够在石油钻井工作中使用。

第三，井探法相对于其他矿产勘查技术比较先进，它通过使用相关机械设备和技术来检查井底，并分析研究当地实际矿产资源的位置。井探法的自身优势是具有很好的功能性，使用钻孔的方法进行固体矿产勘查工作，能够测量的深度比较大，但是在早期使用井探法寻找固体矿产资源存在一些问题。这种方法通常被国外发达国家在找矿过程中使用。

六、持续性

矿产开采工作具有一定的风险和危险性，如开采回报是否能高于成本的投资风险、矿井漫水和矿井塌陷等施工危险，这些未知的风险增强了矿产开采单位对勘查信息的强烈需求，这就致使矿产勘查企业拥有持续性的经济收益。矿产勘查工作不仅仅表现在矿产资源的发现上面，更表现在开矿过程中对矿山地质结构变换的勘查上。在矿山开采过程中，由于矿山结构会遭到一定的破坏，其水文条件也会发生一些变换，如若不及时观测矿产地质信息，预测矿山地质灾害，或是针对性防范开矿事故，就会蒙受巨大的损失。因此，矿山地质勘查工作也是矿山开采工程的重要组成部分，只要矿产资源开采行业持续发展，那么矿产地质勘查工作就不会被其他工作所取代。

第五节　矿产地质勘查的基本原则

一、有所侧重原则

相关部门在进行矿产资源开采工作方案规划的过程中，必须探寻各类开采工作的侧重点，针对较为重要的探查工作保持一定的倾向性。该种规划模式在地质矿产勘查以及矿脉资源探寻等领域当中也要得到良好的运用。总的来说，当前环境下的地质矿产勘查工作以及其他方面的勘查工作侧重点都极为显著。在实际进行矿产资源勘查作业期间，必须要对一部分地质结构复杂的地形进行全面和细致的探测，相关勘查工作内容包括地形地貌、地形特征、地下水资源状态的信息等，在这当中的矿产资源分布特征勘查工作尤为重要，还要对工程施工所产生的各类影响进行全面分析。以此来为后续资源开采事业的顺利发展奠定良好基础，不断把控各类矿产勘查数据的准确性和实效性，在研究的过程当中，还要着重针对该区域的相关勘查部位进行管理。

二、适度规划原则

勘查人员作为矿产地质勘查工作的主体，肩负着重大的责任和使命，这就要求他们要在实际工作过程中对各个方面进行综合统筹，从长远利益的角度出发来看待各种问题，对每一个矿点进行深入了解，只有这样，才可以提高矿产地质勘查效果。勘查人员在利用矿产地质勘查技术开展地质找矿的时候要避免过于激进，要让勘查技术的作用在实际应用过程中充分发挥出来，以提高勘探效果。除此之外，矿产地质勘查单位还可以结合实际的情况来开展超前勘探，将适度规划的原则落实到每一个环节当中，进而将矿产地质勘查的整体性和有效性结合起来。勘查人员要对矿产资源不可再生的特性进行综合考虑，严格按照相关的规定和要求来对开采方式进行合理设计和科学规划，对细节部分也要予以足够的关注。每一位工作人员都要充分意识到矿产地质勘查工作是一种比较复杂的工作，在工作过程中要做到统筹兼顾，对各种可能带来影响的因素进行全面考虑，在这之后才可以对合理且明确的目标进行勘定，整体工作效果才会有所保障。

三、安全有序原则

对于地质矿产勘查作业来说，安全管理是必须充分重视的一项工作，这不单单和勘查区域的地质环境存在密切关系，同时在找矿技术的实践应用过程中也不可避免地会存在一些客观风险，所以在组织开展矿产勘查作业的过程中必须始终遵循安全有序的基本原则，确保相关作业人员的安全和各类设备处于稳定状态，在制定勘查作业方案和确定找矿技术时也应当坚持以安全为前提，防止因为盲目关注经济效益而出现过度开发的现象，尽可能规避安全隐患。另外，基于地质矿产勘查和找矿技术的应用层面而言，唯有开展好安全管理工作，才可以确保勘查及找矿工作效率与准确率的提升。

四、可持续发展原则

矿产资源是非常宝贵的自然资源，做好矿产资源的开发工作，必须建立在尊重自然的基础之上，毕竟绿水青山才是金山银山，只有采取切实可行的方法，注重可持续发展的原则，才能够切实地守护好自然环境。很多矿产开发团队在对自然矿区进行勘查与开发的过程中，常常会使用到许多机械设备，对自然环境会产生一定不可逆的影响，并非所有的勘查工作都是非常准确且到位的，在向深部勘查的过程中，很有可能会因为矿体变化复杂程度，而出现过度勘查的现象，使得周边的其他岩层受到一定程度的破坏。很多矿产开发团队也没有及时地意识到推进可持续发展进程的重要性，这都会导致矿产勘查与开发工作受到极大的阻碍。因此矿产开发团队必须意识到绿色环保勘查与合理开发矿产的重要性，明白可持续发展的重要性，注重可持续发展的原则，采用更加专业且环保的技术，做到对环境与资源的保护，平衡开发过程中对自然环境造成的影响。

五、因地制宜原则

我国矿产资源的分布是不均衡的，这种情况是地壳运动造成的。矿产资源分布的不均衡性，给勘查工作的开展带来了很大难度。这就需要在实际勘查工作中，按照因地制宜原则，对勘查区域进行全面分析，就区域中存在的地质灾害，采取有效的防治措施，有效保障勘查人员的生命安全。针对不同勘查区域使用针对性的勘查方法，同时也要科学合理规避各类风险问题。即使有风险问题产生，也要进行科学合理的判断，尽最大可能减少伤亡。在勘查工作开展前，需要实地勘察，有效保障勘查工作的顺利进行。社会经济发展和地质矿产资源勘查工作有着密切关系，应当结合社会发展需求合理布置勘查工作，有效提升勘查结果的准确性。

第二章 矿产地质勘查基本理论

随着社会的不断进步，在区域经济及市场经济高速发展的今天，特别是在国内外矿产资源稀缺而导致的资源争夺日益激烈的大背景下，我国的矿业发展将成为一项非常值得探究的课题。矿产资源勘查开发能够推动我国社会经济的发展，在实际矿产资源开采过程中需要使用先进的矿产勘查技术，从而帮助我国矿产资源开采行业进行大范围开采。矿产地质的勘查离不开勘查理论的支持，本章包括勘查特征与理论思路、基本理论与四大基础以及对立统一与优化准则三部分。

第一节 勘查特征与理论思路

一、勘查特征

勘查工作的作用显著，是经济建设中的一大驱动。人类的发展、社会生产、财富的累积都离不开物质资源，而矿产资源作为物质资源的重要组成成分，对于社会文明的发展贡献了诸多力量。勘查是开采矿产资源的不可缺失的环节，是促进经济增长的有力保障。不断提升的经济发展能力对地质勘查提出了新的要求，增量且保质的地质勘查成果才能满足新时期的发展需求。勘查项目的质量存在着管理复杂的特性，因其项目的开展地点在野外、项目分散、项目周期长、野外条件多样化等都使得地勘项目的管理情况复杂。然而勘查工作中，勘查成果报告是衡量地质工作质量的一大法宝。报告内容质量体现在三个方面，即勘查、科研与服务，而报告的方向则集资源、环境与工程于一体。勘查成果报告作为衡量地质勘查单位技术水平与明确管理质量高低的载体，其价值意义明显。于地质勘查行业而言，多用于制造业行业的质量管理体系并不适用，因为其运行质量不高，无法体现地质勘查企业的功能。要想确保有高质量的地质勘查结果离不开分析研究其报告成果的评审、质量和管理情况。合格的地勘项目一定是按规范保质保量地完成了各个阶段各个环节的工作。为确保地勘项目质量水平，地勘项目工作引入了全面质量管理理念，其原理同其他的工程建设质量管理一致，核心成分是以地勘项目的质量为中心构建规范化系统化的质量管理体系。总体来说，地质勘查项目工作比较烦琐复杂，勘查成果报告质量水平存在着差异性，即使有的地质勘查项目取得了优异的找矿成果，但不同程度的质量问题仍然存在，以往地勘项目质量评价还采用较为原始的方法，对于勘查项目质量控制体系可进一步强化。

　　矿产地质勘察其最终目的是为矿山建设设计提供矿产资源储量和开采技术条件等方面所必需的地质资料，以规避矿山开发风险，获得最大的经济、社会、生态效益。在我国，矿山开采设计对于地质资料的需求主要体现和反映在国家颁布的一系列《矿产地质勘查规范》（以下简称《规范》）等国家和行业标准中，《规范》是矿产地质勘查经验教训不断积累和不断地进行科学总结的结果，由于我国国情、矿情和经济技术水平在不断变化，因此，对地质勘查工作的要求也不可能一成不变。在执行和使用《规范》的过程中，需要结合我国国情、矿情以及新的经济技术水平，不断地进行修订。新时代，我国资源供需关系、资源配置方式和资源管理方法均发生了重大变革，资源瓶颈从数量瓶颈向质量瓶颈和生态瓶颈转变，资源开发利用产生的生态环境问题远远超出了资源本身的问题。我国用全球第四的矿产资源禀赋支撑着世界第二大经济体和最大的发展中国家的工业化进程，必须要在与自身能力相匹配的范围，以保障经济社会发展资源需求为基本目标，通过加强地质工作，优化地勘投入，持续加大科技创新力度，推进体制机制改革，树立新型资源安全观，为我国矿业可持续发展提供强劲动力；坚持资源集约节约开发和环境保护的原则，统筹资源开发与环境保护，开展矿产资源开发利用水平调查评估，探索资源开发和生态环境保护的平衡，以服务美丽中国建设、促进乡村振兴。基于勘查特征分析，可知当前我国矿产地质勘查面临以下几点新形势。

　　第一，市场主体地位更加明显。随着我国改革开放的不断深入和经济发展转型，市场在资源配置中的决定性作用越来越明显。服务对象和勘查资金的来源渠道多样化，引发了矿床合理勘查程度的一些争议。以往在计划经济条件下认为勘查工作合理的矿床，在市场经济条件下综合考虑投资收益和勘查效率等因素，其未必合理。

　　第二，与国际交流互认趋势明显。我国经济发展正奉行互利共赢的开放战略，深度融入世界经济的发展是大势所趋，"一带一路"倡议为我国矿业国际合作提供了新的发展空间，我国面临着开发利用国内国外两种矿产资源的抉择。

第三，生态环境约束持续高压。当前，我国高度重视生态环境保护，"新发展理念""五位一体"等都突出了生态文明建设的地位。资源与环境协调发展的问题持续存在，并且伴随着我国经济发展进入新常态，社会和公众的生态意识也越来越强烈，资源开发与环境保护的矛盾越发突出和尖锐。以往的开采技术条件勘查多重视水文地质、工程地质的查明程度，现在应重点强调对环境地质甚至是整个大的生态系统的扰动和影响，重点评价遭受破坏的生态环境其恢复治理的可行性和经济性。在此基础上，明确矿区有无进一步开展后续地质工作的必要和价值。

第四，深部勘查是将来地质工作的重要方向。新中国成立后，我国已经经历了大半个世纪的勘查、开采，浅地表矿越来越少，有资源前景的空白"新区"越来越少，"十三五"时期，国家提出了"深地"勘查科技创新战略，着力提升1 000～3 000米的矿产资源勘查能力。矿产资源勘查开发向地球深部进军，一方面是资源禀赋和开发利用的必然结果，另一方面也是更为重要的原因则是深部资源的勘查和开发对于地表自然生态环境的影响和扰动是最少、最小的，而且大部分还都是在老矿山的周边部。现实是寻找和勘查深部隐伏资源，存在勘查投入过大、勘查风险过高等弊端，因此对老矿山深部及外围的勘查工作的焦点在于需要投入多少工作才算合理。

第五，科学技术水平不断提高。我国各类矿产的探、采、选、冶技术水平在不断提高，如计算机模拟矿床探采并应用于矿山管理方面的逐步普及、地质统计学研究的不断深入、大深度大规模大设备采选技术的推广、湿法冶金冶炼技术的明显提升等，对矿床合理勘查程度的要求在不断变化，而且这种变化仍将持续。科学技术水平也会随着社会的发展不断提高。

第六，对矿产资源管理工作的科学化和规范化要求明显提高。党的十八大以来，我国强化了全面深化改革和全面推进依法治国的理念，提出了正确履行政府职能，创新行政管理模式，提高矿业管理水平，突出发展质量与效益，注重维护群众权益。这对矿产资源管理的要求明显提高，原国土资源部提出了全面推进自然资源尤其是矿产资源管理工作的科学化和规范化，它必然牵扯到矿床合理勘查程度等核心、焦点问题。当前我国矿产地质勘查面临的新形势，是矿床合理勘查程度研究的新前提。如何在当前我国社会经济及生态环境条件下，合理地开展矿产地质勘查工作，保障市场在资源配置中起决定性作用，保障矿产资源自给率，保障矿产资源开发与生态环境协调发展，是研究的重点。

基于以上形势分析，可知矿产资源勘查具有基础性、超前性、高风险性等特点。

基础性：全球范围内对矿产勘查和采矿业的普遍认同是将其与农业地位同等考量，全世界超过 90 个国家把矿产资源产业设为独立产业。

超前性：勘查是矿产资源被开发利用的前提要件。

高风险性：投入相对较大、成功率相对较低，但是一旦成功会取得高额利润。探矿权准入机制方面比较开放，谁先申请即谁先勘探，而且不对个体和非个体申请资格区别对待，准入成本也很低，基本上就是少量的租金。

科学性：矿产资源的勘查工作离不开科学研究，更离不开地质学的指导，以解决其分布隐蔽、存在多样的问题。

创造性：没有一种成矿学说是完美的，一种理论有时甚至不能完全解释一个矿床的矿物成因。尤其是地下埋藏矿物的勘查更需要创新才能打破僵局。

依赖性：勘查之前，要明确成矿远景区的基本情况。明确基础地质资料，包括地质图、采样记录、卫星航拍等，这些都离不开国家地质调查单位的先期工作。

常规性：物化探、遥感等技术大大提高了矿产勘查效果，但常规找矿技术，特别是以地质学为前提的方法，依然占据核心位置。

全球性：地理分布极不均匀，几乎没有一个国家的矿产资源完全能够自给自足。"走出去"战略主要体现在俄罗斯、澳大利亚、加拿大、南非等矿产资源保障程度较高的国家，"走出去"战略有利于增强中国、日本、西欧、美国等矿产资源保障程度较低的国家的全球竞争力，保障了国家的资源安全，提高了企业的经济效益。

可调控性：以地缘政治和经济安全需要为前提，国家通常会对矿产资源进行宏观调控，包括法律法规、行政手段、金融手段等多种方式。

二、理论思路

矿产勘查工作运用先进的成矿理论和方法，以区域新发现的典型矿种为主要研究对象，研究区域的成矿地质背景、含矿岩石建造、岩浆活动和成矿动力学机制。分析了含矿地层、成矿岩石、控矿构造和重大地质事件对成矿的控制作用。构建区域成矿过程与不同矿床类型的时空关系，总结成矿规律，建立区域成矿模式、成矿系统，分析控矿因素和找矿标志。圈定成矿远景，指出下一步勘查工作的部署方向。其主要的理论思路主要体现在以下几方面。

第一，在综合分析区域地质矿产资料的基础上，阐明矿产资源的形成环境、区域构造演化过程、区域地质矿产资源与区域物化探异常的相关性。在此基础上，进一步综合分析不同构造背景下的成矿系统，总结主要成矿系统的特征。

第二，围绕成矿系统和中生代伸展环境下形成的成矿系统，选择各系统中的典型矿床开展矿床成矿研究，分析不同成因类型矿床的成矿地质条件、关键控矿因素、成矿特征及成矿过程，并进一步分析其成因类型，为综合成矿规律研究和找矿预测提供依据。

第三，综合分析总结研究区的成矿规律。同时，在典型矿床地球物理、地球化学资料分析的基础上，分析成矿系统和铅锌银多金属成矿系统所包含的主要矿床类型的控矿因素和找矿标志。将矿床基础地质及成矿规律研究成果与研究区多尺度地质矿产、地球物理解释、地球化学异常资料相结合，指出该区下一步的找矿方向和工作重点。

由于元素空间上的组合特性是客观存在的，则元素间或元素点群间的空间相关性可能反映成矿过程的不同期次或不同条件。故在进行地球化学元素异常信息提取方面，除采用传统单元素求异方法外，往往需要从组合关系定量度量方面加以考虑。因为传统方法常常以单一元素为考察对象，以单元素的含量高低来评价异常的优劣性，很少考虑或不考虑元素间的统计相关关系；即便是考虑多元素迭加效应，也是将单元素分析结果进行机械迭加，所得效果仍具有人为信息割裂弱点，在凸显元素的组配机制上表现较弱。相比而言，利用元素的空间组配形态与机制度量异常，即利用元素组合求异的方法度量异常，同时考虑元素的空间组合关系及信息量的相对完整性，在最大限度保留元素的原始地学信息条件下，尽可能在低维空间对原始变量进行结构简化，突出元素的内在相关性，能为探讨多元化异常信息的提取与资源远景区的圈定提供较为客观的科学依据。事实上，元素空间定量组合求异理论可以较好地解释国内著名三学者提出的地学理论，即赵鹏大院士提出的地质异常理论、翟裕生院士提出的成矿系统理论及陈毓川院士提出的矿化系列理论。按照赵鹏大院士的观点，地质异常是地质作用过程中一定历史阶段表现出来的地质组合要素形态，即一定的空间块段中，岩石组构、建造类型、地球化学元素乃至发展阶段均有别于周围地区，故称为地质异常。从地球化学组合求异角度易知，元素组合异常实际上是地质异常的一种特例，元素间的组配关系是特定地质条件约束下的集合产物，因此，地球化学空间定量组合异常反映地质作用的动力学特征，某种意义上也是成矿动力学的特征表现。按照翟裕生院士的观点，成矿过程是一个复杂的巨系统，可包含若干子系统，每个子系统在成矿空间、控矿条件、成矿元素与共生元素、成矿强度方面均有别于其他子系统，其地球化学元素组合特征可表现为主矿化因子不同，这与元素定量组合求异理论所获得的主矿化因子完全符合，因此，元素空间定量组合异常可作为成矿子系统的一种标志性集合。按照陈毓川院士的观点，成矿过程在时空演化上可形成不同的矿化系列，即在成因上、控矿条件上、元素共生关系上各具特点，成矿系列之间的演化递进关系反映成矿动力学系统，这种递进关系在元素空间定量组合异常模型中得到了很好的体现，在空间上不同的组合异常即代表不同的矿化系列，组合异常的空间分带性恰好体现了矿化系列的时空演化关系。因此，元素空间定量组合求异理论实质上是成矿系统科学中的特定内容，其在空间表现上可以成矿子系统、空间矿化系列或地质异常形式体现，换言之，组合求异模型是以元素组配机制表现的成矿系统划分。就量化关系而言，成矿过程地球化学元素是以群体关联性形成空间集聚态的，组合求异模型是试图反映元素空间集聚态的一种量化性度量。在地学观测过程中，各种可能的原因，常常导致某种元素的信息缺失，此时，依靠单一元素的求异方法，可形成不确定性结论，而组合求异法则可弥补此类不足。因此，组合求异模型的探讨具有大数据、多信息量的理论价值。

第二节　基本理论与四大基础

一、基本理论

（一）同位成矿理论

当前我国矿产地质勘查作业过程中，所奉行的理论主要就是同位成矿理论，该理论主要是指较大规模的矿场存在是矿区中大型矿床形成的最主要方式。该理论认为，在同一空间范围内、同时代与不同时代、同类型与不同类型、同矿种与相关的不同矿种，均可出现相对稳定的大规模的同位成矿作用，明显地反映出同位成矿的客观规律。在国内外，有色金属矿产资源集中在同一个区域内出现的概率是非常大的，所以找到同位成矿的区域能够降低在矿产开发过程中所投入的成本，并且能缩短矿产资源开发时间。从当前我国的发展来看，在矿产资源开发过程中，同位矿的数量是占据了绝大多数的，同位成矿理论也成了我国地质勘查作业过程中常采用的一种理论方法。

对于同位情况来讲，首先是矿产资源本身的分布拥有一致性，也就是说在矿产资源产出的时候，大多数都会在同一个范围内集中存在，而且拥有比较高的稳定性。其次是矿产的分布特点，是比较明显地在同一个部位、同一个区域内大规模地出现。再次是基于自然界的发展规律来看，矿产资源的分布本身有平衡性的存在，在岩石地脉演变过程中，矿种一般存在于大规模的岩体和岩基深部，这是成岩流体的分析中心，同时也是在矿产形成过程中最主要的物质来源和热源。

对于同位矿来讲，一般情况下成岩的相对稳定以及成矿的热活动中心是同位矿能够生成的最主要前提条件。在不同的时期，热活动中心都需要保证稳定状态，然后在地壳的运动过程中形成相应的矿产。同时在同位矿成型的过程中，还需要保证同位矿成型区域周边拥有丰富的矿物质来源，这样在同一个时期或者不同时期处于同一个空间范围之内的同一类型的矿种或者不同类型的矿种，能够保证所形成的矿产资源规模较大。最重要的就是在成矿的过程中，成矿流体本身的运动状态以及成矿之后对于矿物质的保存时间都要保证具有相对稳定性，而且还需要保证长期处于这种相对稳定状态，只有这样，才能使矿石的形成更加稳定与顺利。

（二）地质体运动理论

地质体运动理论在矿产地质勘查中的应用，主要是在利用地质体运动特点的基础上，结合相关定位技术的应用，实现有效的矿产地质勘测。在地质体运动理论实际应用的过程中，首先要考虑的是成矿区类型，之后按照地质运动基本形态对矿产地质勘查工作进行相关布局，提高找矿效率。在完成找矿之后，还需进行矿区预测。

（三）物化探测理论

物化探测理论在矿产地质勘查工作中的应用，主要结合了对物理勘查理论与化学勘查理论的应用。在此过程中，物理勘查偏向于对地质资源的开发利用，具体包括了磁场效应、放射感应、重力感应、地震等自然现象方面的勘查。化学勘查则主要集中于对金属矿产资源的勘查。在实际的矿产地质勘查过程中，借助对物化探测理论的应用，能实现对地质资源与矿产资源的全面勘测。

（四）可持续发展理论

虽然众多的学者对可持续发展进行研究，并给出了不同的定义，但总体上对可持续发展的核心认识是一致的，都认为可持续发展的内涵有两个最基本的方面：一是发展，二是持续性。发展是前提，持续性是核心，没有发展就不会有持续性；没有持续性，发展也只是"稍纵即逝"。对发展的认识分为两方面：一方面是社会物质财富的增长，社会物质财富代表了国民经济，而经济是发展的基础；另一方面是发展作为一个国家社会制度的必经过程，它不仅仅代表某一个个体，而是以追求社会全面进步为最终目标的。持续性也包含两方面：一方面，生态的承载力和恢复力不是无穷的，不可再生资源是有定量的，不会源源不断，这种物质上的稀缺性必然会阻碍经济的发展；另一方面，所谓持续性，不应该只是一代人的发展，要能够延续下去，即兼顾子孙后代的发展。与可持续发展有关的理论有多种，主要介绍以下三种。

第一，经济学理论，经济学理论是美国学者梅多斯提出的，该理论的主要内容：首先，对掌握世界体系的三种主要关系（经济关系、物质关系和社会关系）进行分析，对此提出随着全球人口数量飞速增长、消费水平显著提升和生态资源过度消耗、环境污染日益严重等问题的出现，企业生产力始终达不到要求，即使科学技术有助于提高企业生产力水平，但是这种助推力有限；其次是知识经济理论，这一观念认为知识水平和信息技术的提高促进社会经济不断发展，今后人类社会可持续发展的立足点就是知识经济。

第二，生态学理论，该理论指出经济在发展过程中需要遵守生态学说中的三个客观规律：第一个规律是高效运用，不仅要对自然资源高效利用还要对废弃物重复利用；第二个规律是和谐原理，该规律要求各个子系统之间要和睦相处、协调发展；第三个规律是自我调节，该规律要求各个子系统能自我调整且注重自我调整的持续性，不是仅仅改变外部环境。

第三，三种生产理论，该理论将社会系统中的物质运动系统归结为三类"生产"活动，首先是人类生产，其次是物质资源生产，最后是生态环境生产。认为物资能不能保证流畅地进行活动，是人类社会实现可持续发展的最基本条件。

基于可持续发展视角，矿采选企业绩效评价指标体现的建立应遵循以下原则。

第一，科学性原则，科学性原则要求评价指标要建立在科学的基础上，即根据我国现行矿采选企业相关法规、标准以及制度予以建立，能为企业各相关利益人员理解和接受。指标设定要客观反映企业综合绩效状况，避免主观性；指标设计参考相关标准的同时，符合矿采选企业实际；统计数据可获得，评价方法科学。

第二，重要性原则，重要性原则是指要有重点地选取指标，避免繁杂冗余。指标较少则不全面，指标较多则会繁杂重叠，不仅影响矿采选企业绩效评价结果的准确性，还会增加评价成本。因此，基于可持续发展视角，矿采选企业绩效评价指标体系的建立要遵循重要性原则。

第三，独立性原则，独立性原则是指一个完整有效的评价体系中选取的评价指标应相互独立。因为往往越是复杂、综合的评价体系，选取的指标越全面、越完整，但是很多指标之间存在相关性，尤其是财务指标。我们在选取评价指标时，要遵循独立性原则。

第四，可操作性原则，可操作性指标是指设计的指标便于计算，能够量化，原始数据可以获得。尤其是对于综合绩效评价体系来说，不仅要有定量的指标，也要有定性的指标，不仅要有正向指标，也要有逆向指标，这就需要我们合理地将此类指标量化。此外，除了财务数据能够从企业年报中获得，那些非财务数据，如能代表环境绩效和社会绩效的指标数据很难获取，一些企业甚至从来不会披露。可操作性要求在达到评价目的前提下，指标尽量简洁、明晰，易于通过多种渠道获得数据，以便整个绩效评价指标体系具有可操作性。

二、四大基础

矿产勘查的特点就是在不确定条件下进行各种决策。因此，矿产勘查的核心是预测。预测不同于猜测，其区别就在于预测是有理论指导的。除预测理论外，勘查方法的理论原理也属于理论基础的范畴。勘查的理论基础包括地质基础、数学基础、经济基础及技术基础等四个基本方面。

（一）地质基础

矿产勘查工作的主要内容包括查明地质特征和矿床特征。

1. 地质特征

地质特征信息的获取主要包括两部分：一是根据地震资料或测井资料按一定方法计算得到的，以及有地质背景的解释人员的精细解释结果；二是解释者的经验和地质思维。你能做的就是全部接受或部分接受所提供的解释结果，并根据自己的学习情况或经验进行适当的修改。基础地质资料主要由地层、岩体、成矿带和地质边界（构造断层）方面组成，阐述了研究区矿产资源的形成过程。地质资料是记录地球地质信息的一种具体形式，它通过与相应的基础地理数据重叠，为用户提供有关矿产资源形成和远景的信息，以供分析。

2. 矿床特征

矿床特征则可分为矿体特征、矿石物质组成、矿石质量三部分。

矿体特征的研究包括：矿体的数量、规模、产状、空间位置和形态，以及它们之间的关系；根据矿床地质因素和矿石矿物共生组合特征，圈定氧化带范围；研究围岩和岩石包裹体的岩性、产状、形状和有用成分的含量。

矿石物质组成的研究包括：矿物组成和主要矿物含量、结构、构造、共生关系、嵌布粒度及其变化和分布特征；综合分析，综合考虑，合理确定回收的主要元素，分别研究氧化矿、原生矿、不同盐类矿物、贫矿和泥矿的性质、分布、比例及其对加工和冶金细胞的影响。

矿石质量的研究包括：测试矿石的化学成分、有益有害成分、可回收成分，赋存、变化和分布特征；划分矿石的自然类型和工业晶体品级，研究其变化规律和比例；研究矿石的蚀变和泥化特征。此外，还需要对与主矿种共生、伴生的其他矿种进行综合研究和综合评价；研究影响未来开采的水文地质、工程地质、环境地质等地质问题。

（二）数学基础

矿产勘查是一种地球探测活动和地学信息工作。在探索的过程中，我们要获取数据，处理数据，分析数据，解释数据，评估数据，使用数据。数据有很多种类型：定性数据、定量数据、图形数据、图像数据、总和数据和方向数据等。对数据的处理离不开数学，因此，数学成为矿产勘查不可或缺的非常重要的基础。

（三）经济基础

经济环境方面，矿业发展的黄金期结束，大宗的矿产勘查投入正逐步回归到理性的状态，而我国推进了大规模的地质勘查工作的深度调整，国家出台的"十四五"规划将经济增速稳定在一定的速率。之后我国在地质勘查工作的结构性调整上，将市场同政府的边界不断地划分清楚。我国的财政资金将会加大力度投资在公益性的地质调查工作上，而在地质勘探工作方面，社会资金投入以后将会对工作的竞争性产生重要的影响。我国的地质勘查行业从 2012 年遇到寒潮，开始进入行业调整期，国家在地质勘查项目上的投资锐减，行业泡沫严重，市场化竞争愈加激烈，加上全球经济不景气导致全球矿产品价格一路走低，这诸多原因使得地质勘查企业重新规划发展方向迫在眉睫。随着经济发展进入新常态，地质勘查行业尤其是矿产开发行业结束了十余年的黄金期，进入中低速发展阶段。在"十四五"规划出台之后，2021 年，我国国内生产总值比上年增长 8.1%，随后发展的几年在产业结构不断调整的趋势下，财政拨款金额在逐步下降，转企到位后将面临巨大的市场挑战。现阶段，我国的地质勘查行业发展出现了新局面。

第一，在经济新常态背景下，国内矿产资源的开发规模在逐步减小，因此矿产勘探领域的发展开始进入缓慢发展的转型期阶段。

第二，在刺激性政策的影响下，矿产勘探工作步入了消化期。

第三，事业单位分类改革步入了适应期阶段，政府鼓励商业地质行业的发展，而地质勘查单位也受到了单位分类改革的巨大影响。在地质勘查单位实施分类改革之后，地质勘查工作进行结构性调整，使得传统的发展和生存模式已经不适应当前的地质勘查工作目标。所以，未来一段时间我国的地质勘查工作将会步入发展相对困难的阶段。

不过，在"十四五"规划的发展背景下，众多改革政策持续生效，这为地质勘探行业带来了一定的发展潜力，且在政策影响下，未来地质勘探行业或许将出现新的产业、经济增长点。当前随着国家生态文明建设的持续推进，我国的环境地质调查评价的热度开始降低，国家在这方面的投入开始不断减少，继而加大了公益地质项目投资的幅度和服务民生的力度，从而推动了灾害地质调查、环境地质调查以及水文地质调查工作的开展。另外，在法律法规制度不断落实的背景下，新的地质勘查行业出现了转型发展，现阶段，我国的地质勘探行业发展面临着"三期叠加"的局面，表现在经济发展转型期，社会生产对国内矿产资源勘探的需求量降低，矿产勘查发展步入转型期；刺激性的政策导致勘探格局进入了消化阶段；事业单位分类改革进入了适应时期，政府在推出商业性地质领域后，地质勘查事业单位实施分类改革，也影响了地勘单位的发展和生存。为此，我国的矿产勘查发展将会面临较为困难的阶段。

（四）技术基础

随着科技的不断进步，各种产业对技术的依赖度都越来越高，包括地质行业，资源勘探难度加大、工程质量要求提高、环境保护要求更为严格、如何缩短工期并提高效率等问题都摆在了传统的地质勘查公司面前。在当前激烈的国际竞争中，创新成为关键因素，技术与创新也成了企业长远发展的标准配置。改革开放四十多年来中国取得了巨大的成就，这些成就的背后都离不开创新——自我革新和学习外国先进科学技术。大批量的创新型企业兴起发展，传统企业在技术上受到了巨大冲击。所以传统行业要继续寻求技术突破和不断创新，以技术优势夺回市场优势。

加强生态文明建设"向地球深部进军"对地质勘查服务能力提出了更高的要求，新理论、新方法、新工艺的应用提升了地质勘查工作的技术水平。经过长期实践与积累，我国深地探测、深海探测、深空对地观测和土地工程科技"四位一体"的地质勘查科技创新不断取得突破。地质深部勘查与探测技术取得重要进展，成功研制出航空地球物理勘查系统和2 000米地质岩心钻探关键技术装备并投入找矿一线，相继实施汶川地震断裂带科学钻探、中国白垩纪大陆科学钻探项目，自主研发了多套深部探测仪器设备。3 000米级轻便型声学深拖探测系统研发成功，5 000米智能地质钻探技术装备取得突破。以地球系统科学和板块构造理论为指导，充分利用先进技术，建立了现代区域地质填图技术方法体系。基本掌握了干热岩压裂高效控震技术，活动滑坡合成孔径干涉雷达技术取得突破，为地质灾害风险预警与管理提供了强有力支撑。基于信息化的基层地质灾害监测预警技术方法体系可实现数据智能采集、分析、管理、服务和联动更新一体化，为基层地质防灾减灾提供了系统的解决方案。

大数据、云计算、遥感探测、人工智能等技术的应用推动地质勘查向数字化、信息化迈进，"地质云2.0"正式上线运行。基于智能互联的地质灾害监测预警技术创新及应用取得新进展；研发了重大地质灾害空天地一体化信息获取与传输技术装备、高寒浓雾山区地质灾害监测预警技术设备和地质灾害光纤传感监测预警技术装备；建立了重大地质灾害实时、自动、智能的监测预警与应急分析技术平台。数字化、智能化地质勘查技术和装备的研发应用，推动了地质勘查工作全流程的数字化发展，促进了产业结构调整与转型升级，拓展了服务领域，提高了地质勘查服务的质量和效益。

第三节 对立统一与优化准则

一、对立统一

（一）勘查矿业权与拥有权的对立统一

勘查矿业权与拥有权的矛盾是当前地质勘查中存在的主要矛盾之一。在实际的勘查过程中，一部分管理单位并没有做好矿业权的有效审核，存在诸多风险问题。部分企业认为勘查结果归属矿业权所有者，矿业权所有者仅提供对应的服务费，激化了实际勘查中的矛盾，同时还会出现勘查资金链断裂的问题。

（二）经济发展与生态环境保护的对立统一

健全勘查法制体系，实现勘查法治化，首先要理顺经济发展与生态环境保护的辩证统一关系。经济发展与生态环境保护是既对立又统一的一对矛盾，它们相互依存、相互制约、相互推动、相互转化。如果矛盾的一方向着极端发展，那么整体将会失去平衡，另一方也会走向衰落。矿产勘查模式对生态环境有很大的破坏力，如果在矿产勘查中不从源头控制对生态环境的破坏，走绿色勘查发展的道路，那么就会出现"开着宝马喝污水"的状况。况且破坏生态环境带来的经济发展不可持续是短视的，传统粗放的地质勘查最终会导致资源枯竭，影响子孙后代，这无疑是饮鸩止渴。例如，江西赣州市原来因为拥有全国 30% 以上的离子型重稀土，被称为我国的"稀土王国"。20 世纪 90 年代在国家经济高速增长的大环境下，地方政府为了片面追求经济发展对那里大肆进行矿产勘查开发，税收增长了，GDP 增加了，但伴随的是山体、植被的破坏，农田荒芜，地下水等水源遭到污染等。但是，因为片面重视生态环境而放弃地质勘查开发，在有可能选择两者兼顾的情况下，宁可放弃发展经济也要保护生态环境也是不可取的。人民对美好生活的向往始终是中国共产党人一切行动的出发点和归宿，人民对美好生活的需求也是物质、精神、文化、环境等多方面的，物质需求是基础。矿产资源是经济发展、科技进步的基础，地质勘查是矿产产业链的上游，如果只是片面地因为保护生态环境对矿产资源不勘查不开发，经济就无法发展、科技就无法进步，人民对美好生活的需求就无从谈起。退一步讲，片面地牺牲科技进步、经济发展，而执着于对生态环境的原始保护，生态环境也未必会越来越好，人类要生存就必须要获取大自然的馈赠和资源。随着人口的增长，如果没有先进的科技、资源配套做支撑，生态环境的保护就无从谈起。

因此，平衡生态环境保护与经济发展的关系首先是要坚持保护生态环境。坚持"以人为本"，在发展经济时要坚守保护生态环境这个底线不动摇，在促进经济发展中保护生态环境，在生态环境保护的过程中促进经济的发展，把绿色优势转化为经济优势。

（三）生态环境和社会和谐的对立统一

矿产勘查产生的问题主要有生态环境问题与社会和谐问题，这两类问题从本质上都属于外部性问题。外部性理论认为外部性问题的解决可以通过外部成本内部化来实现。在矿产勘查工作开展的过程中可能产生的负外部性问题比如生态环境的破坏、民族矛盾的增加等都会增加生态环境保护与治理的成本、解决民族文化冲突的成本等。只有将这些外部成本内部化，才能从根本上解决外部问题。外部成本内部化的实现可以从三个方面进行。一是强制性手段。立法机关可以通过制定强制性规范和义务性规范进行政府和司法干预并对违反者进行否定性的评价与惩罚。二是混合性手段。立法者可以建立完善的补贴或税收等配套的制度体系并通过法律形式固定下来。三是自愿性手段。以市场为杠杆通过制定行业标准、指南等方式使企业主动来实现外部成本内部化。

二、优化准则

矿产勘查程度的研究，涉及范围广，内容详细，门类众多，包括勘查控制程度、地质研究程度、相关工作质量要求、工业指标要求、经济可行性分析等方面。根据为国家矿产资源储量标准规范制修订提供依据的目的，结合国家矿产资源储量技术标准体系建设国家专项设立的目标任务，可以按以下几项原则开展工作。

（一）立足前人研究基础、抓住重点、以问题为导向的原则

新中国成立以来，我国的矿产资源勘查工作经历了大半个世纪，已经积累了大量勘查开发资料，前人对于合理勘查程度的研究和认识，已经相当深刻、成熟。因此立足于前人的研究基础，再分析前人的研究还存在哪些问题、哪些观点已不符合当前时代的发展要求，对于前人没有做到、没有做好或者落后于时代要求的部分，再展开系统研究，形成新的认识结论，对于保时保质完成至关重要。

（二）服务于资源开发和矿山建设设计需要的原则

矿产勘查工作是矿产资源开采产业的第一道工序，是后续矿山建设设计、开发的基础支撑，勘查成果关系到矿山建设和投资决策的成败，因此，只有勘查和开发两道工序紧密结合，才能更好地发挥资源效益。最终的地质勘查成果应满足矿山建设设计要求，这是矿产勘查工作的基本前提，但是如何才能"满足"也应有新的理解和诠释。市场经济下，地质勘查工作不可能也不应该"一包到底"，关键在于首采区选定以及首采区服务年限的问题，这部分工作需要和矿山设计及投资主体充分研讨、商定，同时，还要为矿山后期发展预留空间。因此，矿产勘查应循序渐进，分阶段进行，并且根据不同情况对各阶段合理的工作程度重新研究，做到适当超前，但绝不过量。

（三）强调经济、社会和资源环境效益相协调的原则

矿产勘查，在计划经济时代和市场经济的今天，因为投资主体不同，会表现出勘查过量和勘查不足（甚至虚假）两种极端，这两种情况都未从整个探采系统全盘考虑经济性。新形势下，地质勘查除了满足投资主体的要求以外，还应肩负必要的社会责任，重点强调资源环境效益，加强研究矿产开发与生态环境保护之间的矛盾和协调关系，如考虑环境保护和治理成本之后，矿产开发还是否经济，值得研究和探讨。

（四）地质勘查规范"法无定法"的原则

矿产地质勘查规范是部署矿床地质勘查工作的基本要求，同时也是审查地质勘查报告质量的技术标准。在当前市场经济时代，我国的地质勘查成果作为一种商品在市场进行交易，其质量情况备受关注和质疑。随着改革的不断深入，政府职能不断优化，相关行业部门对于高质量规范和标准的需求更加迫切。然而，矿床特点千差万别，必须强调地质勘查规范应结合矿床实际具体运用。同时，在勘查时，还应考虑矿业权人对矿区大的规划和设想。另外，随着经济技术条件、时间、环境的改变，规范总会表现出不适应或过时、不尽合理等情况。"法无定法"的意义就是从实际出发，做好地质研究的基础工作，在此之上选取最经济可行的勘查技术手段和方法。

（五）实践是检验真理的唯一标准的原则

矿产勘查、基建生产到最后的矿山闭坑，是由表及里、由浅入深不断认识的过程，后一步骤是对前一步认识的延续和深化，也是对前一步工作的检验和修正补充过程。因此，通过典型矿床实例的探采验证对比，查找问题，分析研究，总结矿床地质勘查和矿山生产建设正反两方面的经验，对于指导同类矿床合理勘查意义重大，大量矿床的探采对比验证，则能揭示出矿产勘查工作的普遍规律。

（六）充分运用实践新理论、新技术和新方法的原则

科学技术的进步与推广是推动地质勘查工作逐步合理化的原始动力。只有依靠科技进步，面向开发实际，才可能以最少的投入和最短的时间获得能满足需要的地质成果。值得强调的是，矿床探采、选冶技术水平对勘查工作均有影响，对合理的勘查方法和勘查手段具有一定的指导意义，因此，必须结合新理论、新技术和新方法。

遵循以上准则或原则，从事矿床合理的勘查程度的研究，目的在于做好地质勘查和矿山建设设计、矿山基建和开采生产的衔接，使矿山能够按设计要求如期投产、达产，并能够在既定的服务年限内持续均衡地生产。为此，不妨认为，为了服务于矿山生产建设，保证矿床合理的勘查程度，应该做到：首先保证首期，保证矿山首期开拓生产；其次是准备中期，提供矿山中期接替延续；最后是以矿养矿，滚动勘查、为矿山后期提供保障。上述所谓"保证""准备"不仅限于矿产储量，还理应包括各项地质资料依据。

第三章　矿产勘查依据、信息与技术

矿产资源勘查的主要内容是找矿，找矿是指运用矿床成矿理论及已知成矿规律，根据工作地区地质条件，采用遥感技术与地球化学、地球物理学等方法寻找矿床的工作过程。本章将重点分析矿产地质勘查依据与技术，以期为更好地开展矿产地质勘查工作奠定理论基础。本章分为矿产地质勘查依据、矿产地质勘查信息、矿产地质勘查技术三部分。

第一节　矿产勘查依据

矿产勘查依据亦可称找矿依据或找矿判据，是指在某一地区内矿床形成和分布的地质依据。根据矿产勘查依据，可以判别查找方向，预测在一定的地质条件下可能存在的矿床类型和成矿有利地区，可以合理地选择和运用找矿方法。所以，矿产勘查依据对提高找矿效果具有非常重要的意义。

具体来讲，矿产勘查依据包括构造依据、地层岩性依据、岩相—古地理依据、生物依据等。

一、构造依据

对于地壳物质运动而言，构造运动是其重要驱动力之一，由于构造运动的影响，形式各异、大小不等的各种构造形迹得以形成。而这些构造形迹作为一项重要因素往往会对各类矿床的形成、富集及空间分布产生影响。例如，在铀矿资源勘查中可以发现，地槽区和地台区各自形成不同类型铀矿床，铀矿田受多种地质构造因素的联合控制，构造体系控矿具有明显的序次性。

二、地层岩性依据

所谓的岩石化学性质，主要是指含矿溶液与岩石发生化学反应的活泼性。化学反应是成矿作用的一种重要方式。与矿液易发生化学反应的是活泼性强的岩石，可以使矿质出现迅速富集和沉淀的现象，在一定程度上促进了成矿作用的发生。相反，若是与化学活泼性较差的岩石相结合则会缺乏此种促进作用。在化学活泼性强的岩石中易形成交代型矿床，而在活泼性差的岩石中，一般多形成充填型脉状矿床。

对于岩石而言，其化学性质与相应的矿物及化学成分息息相关。灰岩的化学活泼性最强，而硅质岩则相对较弱。砂、砾岩的活泼性则是由胶结物的种类决定的，碳酸盐胶结物活泼性强，而泥质胶结物活泼性弱。

三、岩相—古地理依据

岩相古地理学是与沉积学和沉积岩石学紧密相关的重要学科之一，它主要涉及古地理重建，古环境的类型及分布规律，分析海陆演化史，重塑陆地和海洋的分布格局和变化，分析沉积物形成于不同的古环境和沉积物演化规律。其有助于探索构造格局，了解古地理与构造、矿产及油气资源与古环境的关系，是现代沉积地质学的一个重要研究方向。由此可知，岩相—古地理条件与相应区域内矿床的形成和分布息息相关，它可以成为矿产地质勘查的重要依据之一。

一般来讲，各类沉积矿床会分布在一定的地层之中，但在同一地层中矿床富集的具体空间部位及富集程度又受到一定的岩相古地理条件的控制。

四、生物依据

生物成矿是指生物特别是微生物的代谢活动引起其周围化学环境的变化，从而导致矿物沉淀。由此可知，生物因素会对区域内矿床的形成和分布产生一定的影响。

生物矿物是由矿物晶体和微量元素及微生物有机质分子构成的。目前，其研究多是针对矿物晶体，对生物有机质的研究比较少。按照生物矿物中无机离子的类型，可以将其分为磷基、羧基、硅基等类型。磷灰石系列矿物都属于磷基类矿物，主要包括存在于骨骼和牙齿中的羟基磷灰石等。我们常见到的碳酸盐类矿物，如存在于海洋生物中的碳酸钙类矿物属于羧基类矿物，而硅基类矿物则主要为二氧化硅，存在于植物的叶子中。与存在于植物、动物等生物中的矿物相比，存在于微生物中的生物矿物则更为广泛，其成矿原理也研究得更为充分。例如，存在于真菌菌丝中的草酸钙具有支撑和储钙的功能，而广泛存在于微生物中的氧化铁、硫酸盐、卤化物、硫化物等一系列生物矿物则具有磁学性能和力学强度等多种功能和作用。

从生物体对成矿过程的影响规律可以看出细菌代谢分泌有机质分子决定了生物矿物的空间排列、结晶方向和矿物构造。此外，有机质分子与成核物种间的化学键相互作用、静电相互作用、结构互补相互作用等将有助于成核活化能的降低，进而更加有利于矿物的成核。尽管细菌代谢分泌的有机质分子种类很多，但在生物成矿中起关键作用的是蛋白质和多糖，这两类分子也是有机质分子中最为主要的物质。

可以说，生物诱导成矿主要是通过生物体的代谢作用完成对所在环境物理化学条件的改变的，进而促使成矿元素发生富集、迁移或者沉淀。大量研究表明，微生物对金属离子的诱导成矿作用方式大致可分为以下几种。

①微生物诱导金属离子还原成矿。生物体的新陈代谢分泌的有机质分子可以使得某些金属元素发生还原作用，进而发生沉淀诱导成矿。例如，近年来在铁（Fe）锰（Mn）、金（Au）等矿物中发现了大量有机质分子作用的证据。

②微生物诱导金属离子饱和定向成矿。生物体通过代谢作用分泌的有机质分子改变周围的物理化学条件，促成成矿元素的富集饱和进而发生定向成矿。

③微生物诱导金属离子风化成矿。自然界中，细菌诱导矿物的形成往往是其他矿物风化以及周围环境变化的共同作用的结果，特别是在岩石以及土壤中。例如，陆生植物及微生物能从岩石或土壤中释放部分成矿元素，进而形成土壤次生矿物。

为了更清楚地了解三种诱导成矿方式，我们按照其形成过程对其进行了比较，如表3-1所示。还原成矿主要存在于自然界中的单质矿物的形成过程中，如金矿等，但在铁矿中也是广泛存在的一种过程，其基本原理是利用有机质与金属离子的氧化还原作用使其成矿，有机质在其中主要充当电子传递的载体，对金属离子实现还原作用。与还原成矿相比，饱和定向成矿是在一定的环境中金属离子处于饱和状态，此时游离的金属离子便利用微生物分泌的有机质作为模板进行成矿。这种成矿方式往往在离子浓度过饱和的状态下发生，如球霰石等矿物的形成就是基于这种原理，其中有机质在其中起到的作用主要是作为矿物形成的模板。

在自然界中，成矿离子往往都不是处于饱和状态，特别是在岩石以及土壤中。因而，生物会在其生长过程中通过使原有矿物风化溶解，富集成矿元素从而成矿。

此时，有机质在其中不仅充当成矿模板，还可能对矿物风化起着调控作用，如某些蛋白质在硅酸盐矿物风化中就可能发挥酶催化的作用，它可以促进小分子物质如酸性有机质的分泌进而促进风化，然后调控其环境 pH 值促进成矿。

表 3-1　典型成矿方式相互比较

成矿方式 比较类别	还原成矿	饱和定向成矿	风化成矿
基本原理	利用有机质的氧化还原作用将金属离子还原为零价态进行成矿	饱和金属离子在有机质的模板作用下进行成矿	生物根据生长需要风化原有矿物，富集成矿元素到一种新的矿物中进而成矿
涉及的主要有机质	糖/蛋白质	糖/蛋白质	糖/蛋白质
有机质的主要作用	氧化还原作用	模板作用	分子催化功能，模板作用
实例	金矿床、银矿床等	球霰石等	鸟粪石等

第二节　矿产勘查信息

所谓矿产勘查信息亦称找矿标志或找矿信息，主要是指直接或间接地对矿床存在或可能存在具有指示作用的信息。关于矿床的发现，其往往起始于对各种矿产勘查信息，尤其是重要勘查信息的认识和评价。基于矿产勘查信息，往往能够得到矿床（体）可能存在的大体位置，使得找矿范围进一步缩小，从而使寻找矿体的行动更加迅速而准确。因此，对于矿产资源勘查工作而言，对各种矿产勘查信息的分布规律、形成特点及找矿意义进行深入研究是一项重要的工作内容。

就一般金属矿产勘查而言，矿产勘查信息按其性质和特征可分为以下五类。

一、遥感地质信息

利用遥感仪器，在不直接接触地质体的情况下，从卫星或飞机上远距离探测地质体所得到的各种与成矿有关的地质信息，称为遥感地质信息。它主要包括反映地质体空间形态和分布特征的信息，反映地质体在电磁波不同波段上的光谱特征信息和地质体对电磁波的反射或辐射能力随时间变化的信息等。

二、矿化露头信息

矿体形成或出露地表后，各种各样的矿化信息便随之形成了，而这些信息可以为找矿勘查提供直接的线索。以铀矿为例，矿化露头信息包括原生铀矿露头、铀矿氧化露头、铁帽、矿砾、矿砂、标型矿物、特殊的围岩蚀变、岩石的颜色变化和特殊地形等。

三、地球化学信息

在成矿过程中或成矿以后，各种地质作用的结果使成矿元素及其伴生元素分散到矿体周围的围岩、地表的松散堆积物、水体及植物体中，形成相对富集的高含量地带，称为地球化学晕或分散晕。

由于地球化学晕的形成与矿床有直接的空间关系，而且一般情况下，相比于矿体，其分布范围往往会大几倍甚至几百倍，因此作为矿产资源勘查信息，地球化学晕的效果是十分不错的。此外，部分分散晕还是寻找深部隐伏矿体的重要信息。关于分散晕，按照成因进行划分，可分为原生分散晕和次生分散晕两大类。

四、地球物理信息

由于围岩与矿体的物质成分有所不同，因而在许多物理性质上它们往往表现各异，如磁铁矿矿体比周围岩石的磁化率和密度高，硫化物金属矿体比围岩的导电性高等。在找矿中，利用各种物探测量方法，所得矿体和围岩在物理性质上的特征和差异称为地球物理信息。

例如，从铀矿找矿角度出发，通常将地球物理信息分为放射性异常信息和普通物探（非放射性）异常信息两类。由于铀矿有放射性，因此，放射性异常是铀矿床（点）最直接、最重要的矿化信息。普通物探异常目前虽不能用于直接找铀矿，但可借以解决与铀矿成矿有关的地质构造问题。所以普通物探异常是找铀矿的间接找矿信息。

五、生物信息

这里所说的生物信息主要是指植物信息。就植物而言，其在生长过程中会从土壤和岩石中吸收一定量的矿物质。如果把植物体焙烧成灰，测量灰中金属元素的含量，往往会发现异常。另外，当某些成矿元素存在于土壤中时，往往会对植物种属或群落的发育和兴衰产生影响，甚至引起植物的生态变异。植物体内成矿元素的异常和植物群落、种属的发育特征及生态变异可以统称为生物勘查信息。具体来讲，生物勘查信息可分为特殊植物信息、植物生态变异信息、植物群落特征信息等。

第三节　矿产勘查技术

一、遥感技术

（一）遥感技术概述

1. 基本概念

遥感技术是 20 世纪 60 年代兴起的一种综合性对地观测技术。20 世纪 80 年代以后，遥感技术发展迅猛，其应用范围越来越广。英语中的遥感为 "Remote Sensing"，也就是 "遥远的感知"。遥感技术是利用现代的光学和电子技术，在不接触目标的情况下，将目标的电磁波特征提取出来的技术。

2. 基本原理

遥感技术的原理是光谱特性。也就是说，任何物体吸收、反射和辐射光谱的特性都不同。不同的物体种类，可以发射和辐射不同环境下各种波长的电磁波。通过遥感仪器对来自地面物体的电磁波信息和反射光谱进行采集获取、分析处理、加工成像，最终在遥感技术作用下将不同物体的清晰图像直观地呈现出来，探测并识别地面的不同物体。

3. 系统组成

遥感系统主要包括以下四个部分。一是信息源，指待监测的事物，即监测对象。一切物质都具有吸收和反射电磁波的能力，依据其内部结构与相关性质的不同，可监测出特定的事物，从而获得关于监测对象的相关信息。二是信息获取，指运用遥感技术装备接收、记录监测对象电磁波特性的探测过程。三是信息处理，即通过特定的装置，对所获得的信息加以校正、分析和解译处理，掌握被探测物体影像特征，最后识别和获取所需要信息的过程。四是信息应用。专业人员依据不同需求把遥感技术运用到各个领域中，将信息作为地理信息系统的重要数据源，科研人员就能够按照自身的需要检索并获得有关数据。

4. 基本分类

根据平台不同，可将遥感技术分为三种，即航天遥感、航空遥感和地面遥感。卫星遥感属于航天遥感，具有观测视点高、视域广、可重复采集等优点，是现在遥感技术中最主流的观测手段之一。

根据电磁波光谱波段的不同，分为可见光遥感、红外遥感和微波遥感。可见光遥感的应用比较广泛，具有较高的地面分辨率，但是受天气因素影响比较大，只能在晴朗的白昼使用。红外遥感是应用红外遥感器（如红外摄影机、红外扫描仪）探测远距离外的植被等地物所反射或辐射红外特性差异的信息，以确定地面物体性质、状态和变化规律的遥感技术。其在军事侦察，探测火山、地热、地下水、土壤温度，查明地质构造和污染监测方面应用很广，但不能在云、雨、雾天工作。微波遥感通过接收遥感仪器自身发出的电磁波束回波信号，或是接收地面物体发射的微波辐射能量对物体进行探测、识别和分析。典型的主动微波系统有雷达，常采用合成孔径雷达作为微波遥感器。微波可以穿透云层、雾和小雨，也可以穿透被测物体。

5. 主要优势

遥感技术相对其他技术具有许多优越性。首先，它具有广泛的探测范围和快速的数据采集能力，能够在很短的时间内实现对地的大范围的观察，扩大了人们的视野，能获得有用的遥感数据。其次，利用遥感技术可以动态地反映地表环境的变化。利用遥感技术对地表进行监测，可以周期性、重复地观察同一区域，从而可以更好地发现地表物体的变化，特别是对气象条件和自然灾害的监测，遥感技术的运用显得格外重要。最后，遥感技术获取的数据具有综合性。由于遥感数据获取的是同时段大范围的影像，这些影像综合地展现了地面事物的形态及分布，完整揭示了地理事物间的关联性。

（二）遥感地质解译及蚀变信息提取原理及方法

遥感是 20 世纪 60 年代兴起的一种探测技术，具有观测范围广、信息采集周期短、手段多、信息丰富、效益显著等优势，已经在矿产勘探、地质灾害、军事、城市建设等方面得到广泛运用。在自然条件差、交通闭塞、地质研究程度低的地区将遥感和传统地质勘探技术相结合，充分发挥多源遥感数据的优势，使用遥感地质解译及蚀变信息提取方法，综合分析地层、构造与矿化蚀变信息，从而快速圈定找矿靶区、确定找矿目标是地质找矿勘查工作领域未来关注的重要方向。

1. 遥感地质解译

（1）遥感地质解译原理

遥感图像蕴含着丰富多样的信息，不仅可以反映地质体的物质组成、结构构造和存在状态，还是对当地自然条件下各种内外动力的综合反映。地质体的几何特征和光谱特征能真实、客观地被遥感影像所记录。

地物遥感影像特征的差异性主要受到两方面因素的影响。一方面，地物的物化性质、结构构造和存在环境导致地物外表呈现出不同特征，从而使探测器摄入的影像呈现出各种形状、大小和纹理特征。另一方面，不同地物的反射率和发射率存在差异，在影像上表现出明显的色调和色彩差异。

遥感地质解译就是从各种遥感影像上通过一定技术对地物信息进行识别和提取的过程。以地质学原理为基础，从遥感影像上识别、提取构造和地层，总结其空间产出状态、岩性组成、构造活动等，分析成矿有利地段，建立找矿模型并编制遥感解译地质图。

（2）遥感地质解译原则

遥感地质解译原则主要包括以下几方面。

①多源影像相结合。不同空间分辨率和不同类型的遥感数据各有优缺点和利用场景，单一的遥感影像不能准确表现地物特征，需要综合利用多种影像数据，才能提高地物识别的准确性。

②做好解译前的准备工作。首先要收集区域内的基础地质资料，总结区域内的交通位置、地形地貌、矿床矿点分布等基本信息，再根据影像特征开展地质解译工作。

③先整体后局部。先根据遥感影像特征对面积出露大的岩石、构造单元和水系进行识别、提取，再对局部重点区域开展详尽的解译工作。

④地层由新及老解译。地质时代较新的地层单元因受地质构造改造作用较少在遥感影像中常表现出清晰的地物轮廓，有利于遥感地质解译。同时，按照年代依次解译也有助于建立地层关系。

⑤构造地层交替解译。构造往往会使地层在遥感影像上呈现一定的错断，而地层接触关系是构造运动的真实反映。解译时需要循环进行、互相检验。

⑥综合目视解译与图像处理。原始遥感影像呈现的地物信息往往存在分辨率低、边界模糊等缺陷，要有针对性地选择一些图像增强技术处理遥感影像，从而更精准、高效地识别和分析地质体。

（3）遥感地质解译方法

遥感地质解译的重点就是根据影像特征建立区域内地物的解译标志，从而准确识别、分析地物。

目前遥感地质解译方法分为人机交互的目视解译和计算机解译。计算机解译是指利用计算机对识别区的各地质体或地质现象进行自动提取，能够对人的肉眼难以识别的、影像特征不明显的地物信息进行提取，但计算机自动提取不能分辨图像上的两种特殊情况，即"同物异谱"和"异物同谱"。但人机交互式目视解译可以对计算机的解译结果进行完善。因此，为了降低计算机解译误差以及提高解译精度，可以使用人机交互目视解译对识别区地质现象和地质体进行遥感解译。目视解译主要包括直判法、对比法、邻比法和综合解译法等。

①直判法：根据地物影像特征建立解译标志，直接在遥感影像上识别、提取构造和地质单元。

②对比法：针对岩性未知的地质体可以综合比对已知区域地质体的影像特征，进行合理推测。

③邻比法：在遥感影像上地质体往往存在边界模糊、无法准确解译的情况，此时可以参考邻区解译标志对解译困难区地层和构造进行识别。

④综合解译法：在利用遥感影像进行解译的基础上，还可以结合物探、化探结果对地层组成和构造运动进行综合分析和验证。

（4）遥感地质解译标志

遥感地质解译标志有直接和间接之分，前者指直观地呈现在遥感影像上的信息；后者是借助其他相似地物的特征来推测地质体或地质现象，如地貌形态、水系特征、植被分布和人类活动等均可以间接影响地质体的特征。综合各种信息建立区域内的地质解译标志是进行遥感地质解译的关键。

①直接解译标志，主要包括以下几个方面。

a.形状和大小。形状是地物在遥感影像上呈现的形态；大小是地物目标的量化特征之一。在遥感地质解译过程中，可使用对比法对地物的大小和形态进行合理推断。

b.色彩和色调。这主要是地物相对亮度和颜色的反映指标，在成像条件基本一致的情况下，特征相似的两个地质体在遥感影像上会呈现出完全不同的色调。充分利用色彩和色调信息可提高地质解译的准确性。

c.纹理。纹理是色调变化的空间频率。表面粗糙或组成复杂的地质体在遥感影像上表现出粗糙的纹理特征；成分简单的地物纹理粗糙度较低。同时，纹理走向和规模往往与地质运动、水系格局等息息相关。

d.阴影。阴影是太阳入射被物体遮挡而成，分为本影和落影。前者是物体未被阳光直射的阴影部位；后者是地物投落在地面形成的影子，即投落阴影。

②间接解译标志，主要包括以下几方面。

a.水系。水系是各种水体组合而成的水文系统，在遥感图像上特征明显。水系的走向和展布主要受到地形、地层和构造的影响，在地质解译中发挥着重要作用。

b.地貌。地貌是指内外动力地质作用引起的地表起伏形态。地貌的形成过程和形态特征往往会受到构造活动和岩石组成的影响，可作为构造—岩性解译的依据。地貌形态和岩石以及构造类型具有内在关联性，可借助地貌进行岩性构造解译。

c.植被。植被类型、覆盖度、组合特征及形态等都与当下的岩石类型、断层断裂、土壤类型和气候条件密切相关。尤其对蚀变带的识别，需重点关注植被特征。

d.水文。水文主要是指水的空间分布和变化规律，包括土壤含水性、地下水溢出带等，针对干旱区开展解译工作时需重点关注。

e.环境地质及人工标志。耕地分布和类型可间接反映地形地貌特征，同时采场、矿山、矿渣也是重要的找矿标志。

2.蚀变信息提取原理及方法

（1）蚀变信息提取原理

热液矿床的形成往往伴随着围岩蚀变，周围地物的光谱曲线与蚀变矿物的光谱曲线有明显差别。利用遥感技术进行蚀变信息提取就是利用这些蚀变矿物的光谱差异特征，在遥感影像上使用遥感技术对蚀变矿物进行提取的过程。现阶段，随着传感器类型的不断增多，遥感影像的时空分辨率均已有了大幅度提高，利用遥感技术对蚀变异常信息进行提取已经成为一种非常重要的找矿方法。

①地质依据。热液矿床种类繁多且形成过程复杂多样，在不同的地质背景条

件下形成的不同的矿床携带着不同成矿物质的热液，热液运移过程中会使周围岩石与外界发生物质和能量的交换与转移，改变原岩的理化性质，从而产生围岩蚀变或者矿化。在岩浆流经的区域内，除了成矿岩体外，均有可能发生围岩蚀变。热液成分、成矿时围岩的受力方式、压强以及温度等影响着围岩蚀变的种类。在空间分布上不同的围岩蚀变有一定的分布规律，该区域潜在矿床的种类可以通过蚀变围岩组合的特点来判断。一般都在大型、特大型矿床内拥有强烈的围岩蚀变，这些蚀变强烈的区域存在大量以蚀变矿物为主的蚀变岩。

围岩蚀变可以作为有效的找矿标志，这是因为围岩蚀变在地表上出露的范围远比矿体大，在找矿过程中易于勘测。遥感影像可以通过对蚀变信息的提取来确定蚀变围岩的空间分布，同时可以根据其他资料获取其组成成分、蚀变强度与出露面积等信息用以达到找矿目的。

一般来讲，蚀变岩石与普通岩石的差异性主要体现在蚀变岩石往往存在更多的含铁、羟基和碳酸根等矿物，根据这些矿物的波谱特征可有效提取蚀变信息。根据前人的文献研究和地质矿产资料发现，海底喷流—沉积矿床（SEDEX 型矿床）常存在硅化、碳酸盐化、黄铁矿化、钠长石化、绿泥石化、重晶石化等蚀变，而密西西比河谷型矿床（MVT 型矿床）围岩蚀变包括白云岩化、方解石化和硅化等蚀变。蚀变矿物主要有含铁矿物、含羟基矿物和含碳酸根矿物。通常情况下，可以选取典型矿物并结合美国地质调查局（USGS）标准矿物光谱库进行分析，将此作为蚀变信息提取的依据。

②波谱依据。遥感技术捕捉到的信息是电磁波辐射信息，而电磁波的产生与物质内部结构以及状态的种种变化是分不开的。由于电磁波的波粒二象性，当太阳光或相当的光波辐射照射到岩石和矿物的表面时，光波粒子与岩石和矿物材料中的原子和分子相互作用，某些材料的原子和分子中的电子能级发生选择性跃迁，就会形成可见光和近红外波长的特征光谱带。

岩矿的反射辐射光谱的行为不仅取决于光源的能量强度、传感器的观察方向、响应特性、岩矿表面的几何形状、颗粒大小，而且首先取决于被照射的岩矿材料的原子数量、结合力和原子分布的几何特性（分子和晶体结构）以及它所产生的磁场、电场和晶体，还取决于材料的特性以及各种光学、电学和磁学特性。一般来说，任何岩石或矿物的反射辐射光谱特征的形成无非是基于分子振动或电子跃迁的过程，是对外部电磁波能量的辐射照射的反应。

地质找矿的重要标志包括蚀变类型、蚀变分带以及蚀变矿物组合。这些特征是成矿和成岩过程中水与岩石相互作用、热变质作用以及热动力作用的产物。在遥感地质勘探中，蚀变类型和蚀变矿物组合的光谱特征和直接识别方法的研究对指导和决策非常重要。典型蚀变矿物与特征吸收波谱如表 3-2 所示。

表 3-2　典型蚀变矿物与特征吸收波谱

蚀变异常类型	离子、基团	典型矿物	特征吸收波谱（μm）
铁染	Fe^{2+}	黄铁矿	0.55～0.57、1.00 附近
	Fe^{3+}	黄钾铁矾、赤铁矿、褐铁矿、针铁矿	1.80～2.00、0.85、0.95、1.95、2.26
羟基	Al-OH	高岭石、明矾石、埃洛石、蒙脱石	2.20
	Mg-OH	黑云母、锂蛇纹石、叶蛇纹石、绿泥石、绿帘石	2.30
碳酸盐	CO_3^{2-}	白云石、方解石、菱镁矿、菱铁矿、大理石	弱吸收：1.90、2.00、2.15　强吸收：2.30、2.55

一是铁染异常。铁染蚀变矿物主要包括含 Fe^{2+} 的黄铁矿、含 Fe^{3+} 的褐铁矿、赤铁矿、针铁矿等。在自然状态下的黄铁矿不稳定，常被风化作用改造形成铁的氢氧化物即针铁矿等，铁的氢氧化物经脱水后形成较为稳定的褐铁矿。这种铁的氧化物与氢氧化物形成的帽状堆积即铁帽，铁帽常被作为找矿标志而存在。铁染蚀变矿物的光谱特征是在 0.40～0.50 μm 范围内反射率较低，0.5～0.75 μm 范围内整体呈上升趋势，在 0.75 μm 处形成一个明显的反射峰。随后，反射率呈下降趋势，在 0.85～0.95 μm 之间形成吸收谷。在 1.10～1.37 μm 范围内反射率随波长的增大而增大，在 1.35 μm 附近形成反射峰。1.5～1.92 μm 范围内，反射率有缓慢下降趋势，在 1.92 μm 处有一个微弱的吸收谷。

二是羟基异常。含羟基类蚀变矿物主要包括含 Al-OH 基团、含 Mg-OH 基团类的矿物。

含 Al-OH 基团的矿物主要有高岭石、白云母、明矾石等。该类矿物的波谱反射特征是在 0.40～0.55μm 范围内反射率缓慢增加，0.55～1.40 μm 范围内反射率均为高值，在 0.74 μm 附近有反射峰，1.32 ～ 1.55 μm 范围内反射率快速下降，在 1.43 μm 附近有一个明显的吸收谷，1.55 ～ 2.0 μm 范围内反射率整体均较高，在 1.90 μm 附近形成一个吸收峰。在 2.0 ～ 2.2 μm 范围内反射率随波长的增加而减小，在 2.2 μm 处形成一个明显的吸收峰。

含 Mg–OH 基团的矿物主要有绿泥石、绿帘石、黑云母等。该类矿物的波段特征表现为在 0.70 ～ 1.82 μm 范围内波段反射率呈增长趋势，即随着波长的增加，反射率逐渐变大。在随后的 2.05 ～ 2.3 μm 范围内反射率逐渐下降，在 2.32 μm 处形成吸收谷。

三是碳酸盐异常。碳酸盐蚀变异常中，白云石和方解石的波谱特征较为典型。这类蚀变矿物在 0.78 μm 附近及 2.0 ～ 2.25 μm 之间具有高反射，在 1.9 μm、2.0 μm、2.15 μm 附近有弱吸收特征，在 2.3 μm 附近有一个强吸收峰。

（2）蚀变信息提取方法

①异常叠合筛选（Anomaly Overlap Screening）。长期应用显示，采用不同时相遥感数据对同一区域进行蚀变信息提取，由于受到季节、大气、天气和植被发育情况的影响，结果也存在随机的差异。采用多源遥感数据分别提取矿化蚀变信息，并通过叠合筛选去除可能的伪异常，尽可能地避免植被、积雪、云雾等因素的影响。

②光谱匹配滤波法。ASTER（Terra 卫星上的一种高级光学传感器）数据共有 14 个波段，光谱分辨率较高，可借助标准光谱库数据进行光谱匹配滤波、特征拟合等操作来提取矿化蚀变信息。ZY–102D 在 VNIR–SWIR 区间有 330 个波段，转换为反射率后可以较好地与标准光谱库、实测光谱进行对比，特别是与实测工作区矿化样品比对可以实现同类型矿床找矿目的。

依据美国喷气动力实验室（JPL）标准光谱数据库，根据矿化蚀变特征，选取典型蚀变矿物、金属硫化物或一定的矿化蚀变组合，以其为参考光谱与图像像元匹配，再进行合理的阈值分割，获得遥感蚀变异常信息，即光谱匹配滤波法（Spectral Matched Filter，SMF）。波谱特征拟合法采用最小二乘法将图像光谱曲线与标准光谱库的参考曲线进行拟合，以均方根值（RMS）误差大小为指标判定两者的拟合程度，从而提取蚀变异常。结果可作为 Landsat（美国 NASA 的陆地卫星）数据遥感矿化蚀变异常的补充，进一步圈定找矿靶区。

③波段比值。波段比值法（Band Ratio）的原理是增强相对较弱的矿化蚀变信息，抑制其他地物的光谱信息，通过计算不同波段在相同位置的像元 DN 之间的比值，做出比值图像，以用于研究蚀变异常分布。

比值法的功能：一是放大蚀变矿物与其他地物间的光谱信息差异，以便于区分土壤、岩石、植被等不同的地物类型。它可用于地物类型识别和分布的研究。二是能够去除或消减地形、水体、植被等地质环境的干扰，以达到突显蚀变异常信息的目的。三是能增强遥感蚀变信息等相对较弱的地质异常信息。

运用波段比值法进行比值运算时，是根据蚀变的矿物岩石在反射波谱中表现出来的反射峰和吸收谷所对应的波段灰度值做比值运算，用以增强蚀变矿物的信息，并尽量抑制其他地物信息，生成新的单波段灰度图像并使其中的矿化蚀变信息的亮度提高。

含羟基矿物可以用 OLI 6/7 来增强遥感蚀变信息，常见的有碳酸盐化及绿泥石化矿物。对于铁离子相关矿物蚀变提取，一般选择 Landsat-8 中的 B2、B4、B5、B6 波段的信息进行蚀变提取，其中对于含铁离子矿物常以 B4/B2 的波段比值运算进行识别，用 B4/B5 进行的比值运算可以用来识别植被和区分褐铁矿化岩石，对于与铅锌成矿关系极为密切的黄铁矿化，一般来讲，可以采取 B6/B5 来识别氧化亚铁类矿物，如黄铁矿。比值运算对于 ASTER 影像和 Landsat-8 影像都能发挥增强蚀变信息的作用，但是其计算太过简单，易受干扰信息影响，无法取得较好的蚀变信息增强效果。

④光谱角匹配法。光谱角匹配法（Spectral Angle Mapping，SAM）又称光谱角填图法，现主要用于岩性识别，水体、植被、蚀变岩石信息提取及土壤有机碳估算等方面。其原理是将 n 个像元的光谱曲线离散化为 n 个向量，从空间角度计算影像中各个像元矢量与已知参考光谱矢量的空间夹角来确定未知地物的属性，其中参考光谱是通过实验室计算所得的标准光谱或从遥感影像中提取的 1 个已知位置点的平均光谱。

光谱角匹配法能够充分利用较弱的波谱信息，同时能够避免单个光谱因岩石光谱漂移和变异造成的光谱特征不匹配等问题，但是用这种方法区分光谱形似灰度值差异大的地物还存在较大难度，同时光谱角阈值的选择也需要经过反复实验获得，如何定量化及快速确定阈值还需要深入研究。

⑤混合像元分解法（Mixed Pixel Decomposition，MPD）。通常情况下，遥感影像中的像素都为混合像元（一个像素中包含了很多种地物的信息），混合像元是很多地物特征光谱进行排列组合混合所致的。混合像元形成的原因包含线性效应和非线性效应。混合像元分解法的原理就是计算混合像元中某种地物所占百分比进一步对像素进行分解，形成不同端元。

从 20 世纪 90 年代起，人们就建立了许多应用于混合像元分解法的模型，如几何模型、概率模型、几何光学模型、模糊分析模型等，利用这些模型可以实现岩性信息与干扰端元（如植被、第四系）的分离，去除了植被等干扰信息，突出了有利信息以便于矿化蚀变信息的提取。

混合像元分解法考虑到了混合像元的问题，对于信息提取提供了更加精细的地物信息，但是许多模型都是在理想与假设状态下建立的，在实际应用中混合像元分解的精度可能会受到影响，所以要根据实际情况来选择模型以减小误差、提高像元分解的精度。

⑥主成分分析法。主成分分析（Principal Components Analysis，PCA）法，是较常用的蚀变信息提取方法。主成分分析又称 K-L 变换，是一种线性数学变换的方法。主成分分析是一种降维方法，它将高度相关的数据集转化为一组新的不相关的独立变量组合，并有一定的变换投影，同时对不同量级的信息进行重新排列，以实现放大的表征能力。经过众多研究人员的不懈努力，主成分变换可以放大有用信息，弱化无关背景因素的干扰，在实际应用中具有很好的效果。遥感图像经过主成分变换后，可以有效地抛弃无关信息，以极小的代价将数据保存在几个波段之间，平衡了遥感图像信息的丰富性，消除了波段相关性之间的关系，在海量数据的分析处理上降低了复杂性。

在矿化蚀变信息提取中，应以主成分分析为主要方法，增加或减少输入波段间的参数联系，根据获得的主分量的符号与系数，筛选出符合条件的找矿因子。在经过各国研究人员多年的不懈努力下，研究人员们根据不同地方的研究情况对原有方法进行了不断的探索研究，增加了更多的可行性方案，经实地验证后，均取得了不错的效果，使主成分分析法在实际找矿中得到了更大的适用性。

目前主成分分析法是遥感蚀变信息提取中相对常用的方法。通过主成分分析得到的每个成分的信息都是相互正交的，而且相互之间不相关。在多光谱遥感数据中，通常每个主成分都有特殊的地质学意义。一般来说，遥感数据只有在覆盖面大时才符合高斯分布，一般只呈现非高斯分布，更多的时候是呈现亚高斯分布。

⑦独立成分分析法。独立成分分析（Independent Component Correlation Algorithm，ICA）法是一种函数。基于此，在 1988 年提出了独立成分分析法（ICA 法）的概念。ICA 法是一种从线性混合信号中恢复一些基本源信号的方法。ICA 法的出发点非常简单，它假定各分量在统计上是独立的，而且还必须假定独立分量是非高斯分布。光学遥感数据的概率密度分布大多属于非高斯分布，且多为亚高斯分布，ICA 法可以更全面地揭示多光谱数据间的本质结构。在实际提取中，

ICA 法是基于高阶统计量对数据进行去相关处理，减少了伪异常信息，提取效果比较集中。

ICA 法基于数据是独立分布的假设以及数据的高阶统计特征，这与主成分分析法不同，具体如表 3-3 所示。ICA 法在盲源信号处理、生物医学信号处理、语音信号处理等方面已经成功应用，在遥感蚀变信息提取方面的应用还比较少。

表 3-3　主成分分析法与独立成分分析法的对比

方法	不同点	共同点
主成分分析法	假设数据是高斯分布的，得到的成分互不相关，基于信号二阶统计特性	①基于信号高阶统计特性变换 ②均为降维处理技术 ③均为图像增强方法
独立成分分析	假设数据是独立分布的，得到的成分互相独立，基于信号高阶统计特性	

从统计学的角度来看，PCA 法与 ICA 法是类似的，因为 PCA 法和 ICA 法都是处理多变量数据的线性方法，所以在提取遥感改变异常信息时，PCA 法和 ICA 法可以使用相同的标准进行处理。

二、地球物理技术

地球物理技术在矿产勘查各阶段都可使用。在初步勘查阶段，可采用航空地球物理技术圈定区域地质特征；详细勘查阶段，可运用地面地球物理技术和钻孔地球物理技术测井，甚至在坑道内直接运用地球物理技术。

地球物理技术中的磁法和电法是最常用的；地震法常用于确定基岩埋深以及煤层中的构造研究，但实际上，地震法应用最广的还是在石油勘查中。对于矿产地质工作者来说，更重要的是掌握如何应用地球物理技术的知识。下面将针对常见的地球物理技术进行具体介绍。

（一）磁法勘探技术

磁法勘探技术是在考古和环境勘查中快速绘制地下区域的最流行的地球物理勘探技术之一。其在矿产资源勘探、地质构造调查和地震预测中发挥了重要作用。这项技术的研究对象是地下磁异常体，主要测量磁感应强度、空间变化率等，包括绘制地球地磁场的一个或多个组成部分，以分析磁场异常。磁法勘探一般涉及两个步骤，正演和反演。如图 3-1 所示，正演过程人们可以计算出由磁性体模型 m 而引起的理论响应，如磁异常数据 d，并做出一些关于磁性体形状和体积的假设以及该磁性体与宿主环境之间的磁化率对比。反演过程则是根据观察到的轮廓数据或网格数据 d，并使用优化程序估算埋藏磁性体的磁化强度、形状和体积的分布，来重构地质体物理模型 m。

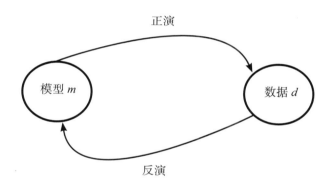

图 3-1　正反演模型定义

①磁法正演。磁法勘探主要是通过研究地下磁性体的磁异常数据，来推测此磁性体的几何参数，如空间位置、形状和规模等，还有物性参数，如磁化率和磁化强度等。所以，磁异常正演模拟是利用已有的知识经验和数学公式，根据地质体的物性参数去计算其磁场分布。相反，磁异常反演是从计算出的磁异常中推测出地下异常体模型。

地球物理反演是建立在正演模拟的基础之上的，在正演模拟中，设计异常体的模型对于分析其内在关系是非常重要的。磁异常正演计算方法具体可分为两个系列：空间域和频域，它们互不相同，各有侧重，通过两者结合，可以实现对正演问题基本内容的整合。

②磁法反演。磁法反演对用于推断目标源的深度、位置和形状的地球物理解释工作流程特别重要，是解释的必要步骤，并且在实际勘探工作流程中发挥着至

关重要的作用。为了获得地下空间中磁源的分布，通常将地下空间划分为相同大小的小单元，并可以通过使用观测数据获得每个单元的物理特性。

磁法的反演问题就是通过测量到的地下磁性体的磁异常和一些已有的先验知识和资料，来推测并重构地下地质体的物理模型以及几何参数。从地球物理的角度上说，反演问题的目标主要是研究或推断地下异常体的参数和构造，确定地质体参数，包括位置、大小和磁化强度等，称为物性反演，还有一种几何反演，主要是确定地质体物性分界面起伏，属于构造类问题。显而易见，上述研究是各种地球物理勘探等现实问题得以有效解决的关键环节。

磁法正演是由地下模型计算其在观测点的异常，而反演则是其逆运算过程，由观测点的异常值来推断其地下异常体的分布。

（二）电法勘探技术

1. 电法勘探概述

电法勘探指的是在地球地壳中岩层和矿体之间因为构造差异性而存在不同的物性特征（电磁学或者电化学物性差异），通过对磁场和电场的时空特性进行研究分析，能够为当前地勘领域解决地质构造识别等问题提供有效参考的一种地球物理勘探技术。由于在电法勘探中可以使用的物理参数比较多，因此可以使用各种场源的检测装置进行工作。同时随着技术的发展和相关仪器的更新，电法勘探技术中可以观察到的内容和检测到的属性特征也更加多样，在地勘领域中的使用范围也更加广泛。

当前随着大数据技术的发展，一些学者开始利用不同算法与电法勘探技术进行融合来对地质信息进行挖掘，所以目前电法勘探获取到的有价值的信息也越来越多。目前可以用电法进行理论研究分析的主要物理特征参数有电阻率、极化特性（人工体极化率和面极化系数、自然极化的电位跃变）、导磁率以及介电常数等。

2. 电法勘探的发展

电法勘探的研究开展于 19 世纪初。1815 年，科学家在英国的库瓦尔铜矿首次发现铜矿能够自发产生电位，并且能产生天然电流场；到 1920 年，法国科学家施伦贝尔热（Schlumberger）发现了 IP 效应（激电效应），并发表了有关电法勘探的著作。

从 1919 年到 1922 年，瑞典相关科学家进一步奠定了后续电法勘探发展的理论基础。尽管早在 1835 年就首次利用自然电场发现了硫化物矿床，但是直到 19

世纪末地电场在电法勘探中才开始受到重视并且应用于工业实际中，到了1912年才将电法勘探用于商业勘探；20世纪50年代，经过多个国家研究人员的研究，产生了激发极化法，而直到1917年，科学家们才开始研究电磁剖面法，并且一直到1925年才首次取得了勘探效果；20世纪80年代以来，经济建设的快速发展与科学技术的不断进步带动了电法勘探领域的快速发展，当时的美国和苏联在利用频率测深和瞬态测深等方面开始快速发展；同一时间，加拿大的理论物理学家则根据大地电磁测深法结合音频测深进一步进行了理论延伸，提出可控音频大地电磁测深技术；随后德国的物理学家首先发现了探地雷达的工作方式，日本的科学家最早将高密度电磁法应用到工业中，并且得到了快速发展，在能源、环保和工程等领域都获得了广泛应用。

从20世纪80年代开始，计算机、人工智能、大数据等处理技术的快速发展推动了电法勘探技术的进步，同时电法勘探的相关仪器仪表也正在朝着智能化、自动化、便捷化的方向发展，计算机技术的发展推动了电法勘探解释、推理和可视化技术的快速发展。

中国在电法勘探领域的研发工作起步相对较晚，直至20世纪50年代初才开始进行相关工作的研发，初期大多使用直流法，但在发展过程中也逐步吸纳了外国的理论和技术，并开始发展包含激发式极化法在内的一系列电化学传感器方案；20世纪60年代，我国国内的科学家开始研究并探索电磁感应法，此时仍以绝对观测为主要特点，但到了20世纪70年代，我国科研人员开始研究相对观测方法；20世纪80年代，改革开放政策的逐步落实，给中国科学事业带来了全新的生命力，电法勘探研究也随之取得了很大的进展；20世纪90年代，我国开始引进国外先进的数字技术，电法勘探技术实现了飞跃性的发展，并且形成了综合工作模式，将设计、采集、处理、解释、成果提交结合为一体，形成了较为科学完备的电法勘探研究体系。

目前电法勘探的发展方向：①研究探测精度更高、深度更大的新的技术和方法；②研发抗干扰能力强且适用于多特征观测的智能仪器；③对于多解性问题和综合性方法的研究；④对于地质异常体的精细结构解释以及成像技术软件系统的研发。

3.常见的电法勘探方法

电法勘探的种类有很多，但与地震勘探发展相似，目前学术界还尚未有一个统一规范的分类标准，因为各种电法勘探技术之间，既有各自不同的技术，又有相同的理论或技术依据，因此直到现在也很难做出明确的标准化的分类方案。目前常见的电法勘探方法介绍如下。

（1）大地电磁法

大地电磁法（Magnetotelluric，MT）是一种以天然交变电磁场为场源研究地下电性结构的电磁测深方法。地球表面存在不同频率的天然交变电磁场并且相互叠加。

利用大地电磁方法对矿产地质进行勘查已被证明是高效可靠的技术手段，其优势在于研究地下电性分布与差异变化进而探明其中的物理规律与动态响应。通常情况下，除电阻率分布与地下流体、成分、压力以及温度等信息敏感以外，电性改变引起的各向异性结构变化都可以被大地电磁信号所监测。

（2）自然电位法

自然电位异常普遍存在于地表观测中，早在1830年，一些英国学者就对金属矿有关的自电位异常进行了测量，并首次提出了天然电场作用在地表的现象。这类信号测量逐渐应用于火山监测、工程环境、水文问题等领域中并成了地下异常的定性解释工具。由此，自然电位法（Self–Potential Method，SPM）逐渐形成并完善。

（3）瞬变电磁法

瞬变电磁法（Time Domain Electromagnetic Methods，TEM）是时间域电磁法的一种，该方法的基本原理是在电流脉动场的激励下，存在于目标地层下的介质中会形成涡流，而该涡流可以连续产生一段时间，但不能因为激发电流脉冲的突然停顿而立即消失，相反会在目标介质附近产生一种二次磁场，并随着时间的推移而逐渐减弱。地质异常体的电导率、体积规模以及埋藏深度，是确定二次场随时间衰减与变化规律的主要因素。

在各种地质体中，弱导电性地质体对二次场衰减速度感应快，二次场感应电动势小；强导电性地质体对二次场衰减速度感应慢，二次场的感应电动势比较大。因此，在瞬变电磁法中对目标体涡流产生的二次磁场进行测量分析，可以有效挖掘地质异常体相关信息，了解其空间分布。目前一般利用接收线圈与接地电极测量来进行磁场分析，能够更准确地获取地下介质体的相关信息。

电法勘探的地球物理前提就是电阻率属性。在地质构造中，富水性构造的电阻率比较低，远小于不含水的地层的电阻率。因此在煤矿开采中，利用瞬变电磁法对低电阻较为敏感、能够明显对构造富水性进行分层识别的特性，对目标矿区的富水性进行探测，能够得到该区域的电阻率属性数据，以便于后续的多源信息融合研究。电法勘探反映的是地下岩层的电阻率参数，对岩层的富水性反应比较灵敏，但是实际工程实践中，由于体积效应，电法勘探的分辨率较低且干扰因素比较多，对于岩层含水区边界范围的识别不准确。而地质勘探可以较好地识别出岩层中地质构造含水区的边缘，但是对于该含水区域中的富水性反应不灵敏。因此，将地质勘探和电法勘探相结合，利用两种勘探方法得到属性数据，通过数据交叉融合构建地质构造富水性识别模型，在煤炭地勘领域具有非常重要的意义。

（三）地震勘探技术

1. 地震勘探的发展

19 世纪中叶，英国科学家马利特（Mallet）首次提出了地震勘探方法，最初的地震勘探法是为了测量弹性波在地壳中的波速，采取人工激发的方法引发地壳震动进而产生地面可以检测到的地震波，等到 1858 年，seismology（地震学）一词开始正式引入英语词典；到一战期间，战场上为了确定敌方的炮位，开始利用炮弹发射引发的反冲力产生的地震波；1921 年，在俄克拉荷马州第一次记录到了人造地震反射波，并且经过后续的应用勘探，在该州发现了三个油田。地震勘探法也开始正式进入实际工业应用阶段。

国内的地震勘探起步较晚，到了 1955 年我国才成立了第一支地勘队伍，地震勘探技术开始应用于我国的煤炭工业中，自此我国地勘技术进入了快速发展的阶段；我国开始自行设计制造地勘仪器，并于 1972 年研制成功，开始在国内煤田地震勘探行业推广应用；我国一直在努力打破西方国家在技术方面的垄断地位，在 1979 年终于自行探索研制出了 MDS-1 型数字地震仪；随着改革开放政策的实施，我国数字勘探也在不断地发展进步，1978 年，我国开始在内蒙古伊敏河矿区开展三维地震勘探技术前提性研究；进入 21 世纪后，一系列高新技术迅猛发展完善，地震勘探领域也迎来了技术的革新阶段，从模拟阶段进入数字时代，从一维勘探开始进入三维地震勘探阶段。

近年来，地震勘探技术逐渐形成了高精度高密度地震研究、地震多属性融合研究、多源异构融合研究等领域的新的勘探技术，在三维地震构造解释、断层陷落柱识别分析、地震反演、属性分析、地质建模等方面取得了重大进展。

2.常见的地震勘探技术

（1）地震成像技术

近年来，被动源地震成像技术得到了快速的发展，主要是基于背景噪声面波成像方法逐渐成熟。该方法利用背景噪声信号提取台站间的面波频散曲线，具有抗干扰、环保等优势。同时，该方法可以根据探测目标的大小和深度灵活地布置台阵的大小和台站间距，获得特定周期面波信号。一般台间距越大，可以提取到的面波信号频率越低；台间距越小，提取到的面波信号频率越高，目前该方法已被广泛应用于面波层析成像。

通过总结主被动源地震成像技术在不同类型矿区的应用效果，并结合其他勘探及监测数据，可为今后主被动源地震成像在矿区的勘探提供更好的服务。

（2）高密度三维地震勘探技术

随着地质勘探任务的复杂化、严格化，人们提出了高密度采样的思想，希望通过提高空间采样的密度从而增加资料的信噪比和保真度，进而提升对地质异常体的分辨率和解释的准确率。

高密度三维地震勘探（High Density Three Dimension，HD3D）技术是具有相对性、灵活性的概念，仅仅注重"高密度"是不全面的，这项技术在观测系统设计以及数据采集、处理和解释过程中都应该辅以合理的技术，如此才能称得上是真正的高密度三维地震勘探技术。

HD3D技术是在高精度三维地震技术的基础上发展而来的，其地震波场的传播原理与常规三维地震勘探没有差别。它是通过人工激发地震波场，该地震波场以球面波的形式向地下传播，依据所学的惠根斯原理，在地震波遇到地下的波阻抗反射界面后，则该界面上的所有点均可以当作一个新的震源，再向地面反射出一系列的球面波，对于地面上的任意一个接收点来说，它所能接收到的信号，就是这些来自界面的反射波的总和。然后将所采集的波场信息在室内进行处理，依照其波场传播规律的不同，提取出与地下地质体相关的运动学和动力学信息，通过先进的计算机技术实现从地震信息向地质语言的转化。

HD3D与常规三维地震勘探相比，不仅在数据采集中使用的观测系统的特征不同，而且在后期的数据处理和解释过程中也比常规三维地震勘探更加得合理和先进，因此它具有与常规三维地震勘探不同的特征。

①高密度三维地震观测系统的特征。举例来讲，HD3D在实际的煤田地质勘探工作中，所采用的地震观测系统类型与常规三维地震勘探是有差别的。

通过相关统计结果，可以发现在煤田领域开展 HD3D 所采用的观测系统其平均的面元尺寸不大于 5 m×5 m，平均覆盖次数大于 30 次，平均横纵比大于 0.6。

在常规的三维地震勘探中，观测系统的面元大小一般设计为 10 m×10 m，覆盖次数一般在 20 次左右，横纵比一般在 0.5 左右。因此 HD3D 所采用的观测系统相比于常规的三维地震观测系统具有"1 小（小面元）、1 高（高覆盖）、1 宽（横纵比大于 0.5）"的特征。

②高密度三维地震勘探的"三高"特征，主要包括以下几方面。

一是高分辨率。地震勘探中所说的分辨率依据方向性的不同，可以分成横向分辨率和纵向分辨率。横向分辨率又叫作空间分辨率，是指沿着水平方向，地震资料能够分辨出的最小地质体的宽度；纵向分辨率又叫作时间或厚度分辨率，是指在垂直方向上，地震资料能够识别的顶底反射波的时间差。地震勘探中其横向分辨率一般用第一菲涅尔带的范围作为阈值，若一个勘探目标体的横向延展宽度小于第一菲涅尔带，则在叠加时间剖面上不能被识别。

地震勘探分辨率与地震波的频率有直接关系，随着主频的提高，纵横向对于地质体识别的能力也在提升。而 HD3D 所采集到的地震波的主频和频带的宽度相较于常规三维地震勘探均有所提高，所以它相比于常规三维地震勘探具有高分辨率的特征。

二是高保真度。保真度是指采集到的地震数据能够真实地表示出地下介质的程度。保真度的大小受到地震数据的采集、处理和解释的影响，HD3D 技术在施工设计、野外的数据采集、室内的资料处理和后期的数据解释过程中都会辅以合适的方法，在施工设计中首先是要针对勘探区进行采集参数的详细论证，选择合理、精确的观测系统；在野外的数据采集过程中采用精细的激发技术、浅表层速度调查技术、波场调查技术等；在室内的资料处理中使用各种先进的处理手段，如高精度的动静校正技术、去噪技术、拓频技术、分频扫描技术、偏移技术等；在后期的数据解释中使用高精度地震属性解释技术、真三维可视化技术、地震地质融合技术进行全方位的精细解释。综上所述，HD3D 技术是一项精心设计、精细施工、精准解释的先进技术，相比于常规三维地震勘探技术有较高的保真度。

三是高信噪比。信噪比是指地震数据体中与目的层相关的有效信号与噪声信号的比值。在 HD3D 地震勘探中，其采样密度、覆盖次数相比于常规三维地震勘探技术有所提高，较高的采样密度和覆盖次数在一定程度上能够提升原始记录的信噪比。在观测系统的优化设计方面，HD3D 技术要求也更高，从传统的单点论证发展到了基于目标层位的全面论证，不仅可以全方面地了解不同目的层所需要的各项参数指标，而且能够提高对不同目的层的信噪比分析，从而提升整体资料的信噪比；在野外的施工过程中，对于地震波的激发、接收方面也是非常关注，要求选择精确的激发层位，提升激发频带和主频；在接收方面要求使用各种技术，提出了单点室内组合技术、多点无组合技术等，这对野外数据的噪声压制起到了一定作用。综上所述，HD3D 技术具有高信噪比的特征。

三、地球化学勘查技术

现代地球化学勘查始于苏联，该国学者在 20 世纪 30 年代就已经开展了系统的研究。第二次世界大战后，这些技术传入西方并得到了进一步发展，至 20 世纪 70 年代，地球化学勘查已成为最有效的勘查手段之一。

根据采样介质的不同，地球化学勘查技术中包括土壤地球化学测量技术、水地球化学测量技术、生物地球化学测量技术等。

（一）土壤地球化学测量技术

土壤地球化学测量自 20 世纪 30 年代诞生以来一直是基本的地质矿产勘探技术之一，其中中国于 1954 年就开始了区域化探工作，1978 年提出"区域化探全国扫面计划"，1979 年国家开始实施该计划，这使中国化探进入了一个新阶段。在世界范围内，中国的区域化探全国扫面计划规模最大、完成得最好。土壤地球化学测量技术作为研究地壳化学变化的技术，对于科学找矿具有不可替代的作用，应用土壤地球化学测量方法能够有效勘探出隐藏矿体及其地质构造。

土壤地球化学测量技术具有诸多优点，其最大优点在于它的工作方法简单易行，而且成本低，找矿效率高。大多数金属及热矿床勘查都可以运用，无论国内还是国外应用得都非常广泛，它可以配合地质、物探等方法进行地质填图，大致圈定各种岩体的分布范围。此外，它可以应用到区域地质调查，矿产普查、详查等各个阶段，还可以直接找寻浮土掩盖下的隐伏矿体，如果要寻找地表深处的隐伏矿体，可以在其找矿远景，进行高密度的土壤测量，进而寻找浮土掩盖区下的矿体。

（二）水地球化学测量技术

以地表水和地下水为采样介质所进行的地球化学勘查技术即水地球化学测量技术（简称水化学测量技术），采样对象包括河水、湖水、井水、泉水等。

地下水的循环可以把含有深部矿化信息的地下水带到上部含水层或地表，通过采集和分析这些与深部矿化有联系的水样，可以获得深部矿化信息。水化学测量可以用于矿产勘查的不同工作阶段。随着水分析技术的提高，该方法已经成为一种寻找隐伏矿和盲矿的有效手段。

（三）生物地球化学测量技术

以生物为采样对象所进行的地球化学勘查技术即生物地球化学测量技术。苏联科学家威廉·施莱辛格（William Schlesinger）于 2005 年提出了"生物地球化学"的概念。生物地球化学包括了生物、化学、地球科学和物理等多个交叉学科相互作用的综合研究，这些相互作用控制和影响着自然环境的发展方向、形成过程和结果。概括地说，生物地球化学关注生命物质、地球化学物质迁移转化及其与环境的关系。生物地球化学作为地球化学的环境效应评价的有效手段，也是生态系统形成、发展和演化的驱动力之一。总的来讲，生物地球化学技术是通过分析地球化学元素的变化规律来勘查生物与其周围环境之间关系的技术。生物地球化学测量有利于为生物资源的合理开发利用和保护、环境保护、土壤改良、环境污染治理与防治提供十分重要的科学依据。

生物地球化学测量的取样介质包括微生物和植物两大类。目前微生物地球化学勘探技术主要是用于油气勘查。植物地球化学找矿法始于 20 世纪 30 年代，多年的研究证明了植物地球化学测量是覆盖区找矿的一种有效方法技术。

第四章 矿产地质勘查的阶段划分

矿产资源勘查按照循序渐进、逐步深入的原则可划分为调查评价、普查、详查和勘探四个阶段。其任务分别是对区域矿产资源进行调查评价、提交深部揭露点、提交勘探点和提交矿床。矿产勘查各阶段的工作，都应以该区域成矿地质条件的分析研究为指导，只有根据区内地质特征因地制宜地采用综合找矿方法，才能更科学、更经济地达到目的。本章分为矿产调查评价阶段、矿产普查阶段、矿产详查阶段、矿产勘探阶段四部分。

第一节 矿产调查评价阶段

一、矿产地质环境调查工作

（一）矿产地质环境调查工作中的问题

矿产地质环境问题是一种以矿山环境为载体的负效应作用，指在矿产资源开发过程中对矿山环境造成的不良影响。矿产地质环境问题复杂多样，不同矿产类型、不同开采方式产生的矿产地质环境问题各有其特点。一般来讲，矿产地质环境常见问题表现为四类：①矿山地质灾害；②土地资源损毁；③地形地貌景观影响和破坏；④含水层破坏，其基本形式如表 4-1 所示。

表 4-1 矿产地质环境常见问题类型及表现形式

地质环境问题类型	主要表现形式
矿山地质灾害	矿山开采作业不规范，未遵循相关规范，进行台阶式开采，形成大量的陡壁、陡坎，易诱发崩塌、滑坡等地质灾害，威胁矿区人员和周边居民的生命财产安全

地质环境问题类型	主要表现形式
土地资源损毁	露天采场、工业场地和废土石堆等破坏和占用了土地资源，加之崩塌、滑坡、泥石流等地质灾害破坏了土地，使耕地、林地、草地面积减小，农作物减产，原有自然生态功能下降
地形地貌景观影响和破坏	因矿产开发活动改变了原有的地形地貌特征，造成山体破损、岩石裸露、植被破坏等，在主要交通干线、自然保护区、城镇周边等可视范围内造成视觉上的极不协调
含水层破坏	矿产开发活动造成的地下含水层结构改变、地下水位下降、水量减少或疏干、水质恶化、井泉变化等现象

（二）矿产地质环境调查工作内容和方法

1.调查工作内容

调查矿井的名称、类别、位置等基本情况，与矿产企业、相关监管部门核实开采活动的合法性、安全性，了解开采进展和现状，获得一些基本资料；调查矿山的地势地形、水质和涌水量、地层岩性与地质构造、周边林木和农田、水源分布等矿产地质环境背景；调查矿山固体废弃物类型和排放量，废水排放及综合利用情况，了解矿产地质环境的破坏程度和治理修复情况；调查矿产地质灾害的类型，科学圈定地面塌陷区，评估灾害规模及危害程度。

2.调查方法类型

①实地考察和资料搜集：通过走访当地群众，咨询相关监管部门等，可以初步掌握矿山基本情况、矿产地质环境概况和往年的气象等资料，此外调查工作人员可以进行地面调查，到现场进行实测，以核实已有资料的真实性，完善缺失的矿产资料，对重点的调查内容进行详细的调查。

②座谈会：召集有关技术人员、项目管理与负责人员、政府监管人员等，通过对调查数据资料进行汇总、整理、归纳、分析，并结合行业相似案例、评价和监管标准规范等，了解矿产地质环境现状，规划后续的调查工作、矿山开采活动、矿产地质环境恢复与综合治理工作。

二、矿产地质环境影响评价工作

矿业活动是人类工程活动与自然地质环境条件相互作用的过程，也是资源开发与环境保护互相矛盾的过程。矿业开发势必引起矿产地质环境问题，但不同矿种、不同开发方式引起的矿产地质环境问题不尽相同，其严重性差异很大，对地质环境的影响程度也不相同，这就涉及如何对矿产地质环境影响进行科学、合理评价的问题。矿产地质环境影响评价是在详细的地质环境调查的基础上，按照一定的评价原则和评分标准，选用合适的数学模型，对矿山开采活动对地质环境的影响程度做出的综合评判。矿产地质环境影响评价结果既是对矿山开采引起的矿产地质环境问题发育和影响程度的综合评定，也是确定矿产开发方向的基础和依据之一。

（一）矿产地质环境影响评价的一般流程

矿产地质环境影响评价研究已日趋成熟，使矿产地质环境影响评价形成了一个相对独立的系统，逐渐形成了相对固定的评价程序。

①明确评价目的，确定评价范围，并在此基础上，通过野外实地调查，收集相关基础资料，并对收集的资料进行分类和归纳。

②在矿产地质环境调查的基础上，根据其地质环境现状、自然地理条件及地质环境背景、存在的地质环境问题，选取合适的因素作为评价指标，并基于当地实际情况，对各个评价指标进行量化并分级。

③基于选取的评价指标，采用合适的方法，通过人工或者计算机软件的方式，确定每个评价指标的权重值，并进行检验，确认最终得出的权重值准确无误，符合实际情况。

④划分评价单元，采用一定的方法或手段，对所划分的每个评价单元的数据进行提取、分类和整理。

⑤在确定了评价指标权重的基础上，选用一定的数学模型，结合评价指标评分，通过计算机辅助，实现对每个评价单元地质环境影响等级的确定。

具体操作流程如图 4-1 所示。

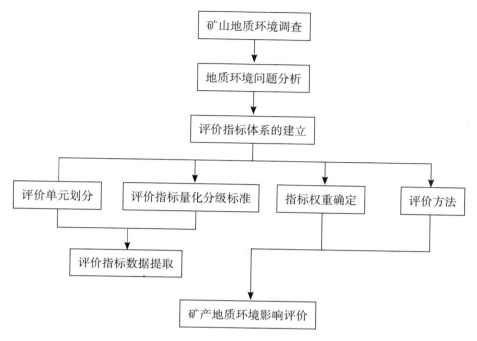

图 4-1　矿产地质环境影响评价流程图

（二）矿产地质环境影响评价指标体系

1. 评价指标选取原则

矿产地质环境问题具有一定的复杂性和内在联系性，选取丰富的指标能有效反映出矿产地质环境特性，但过多的相关性大的指标会导致干扰信息加强，使评价模型误判率增加，因此建立一个适当的评价指标体系需要考虑多方面因素。以《区域地质环境调查总则》（DD2004-02）和《矿山地质环境调查评价规范》（DD2014-05）推荐的指标体系为基础，综合本区域矿产地质环境特征建立指标体系，并秉承以下原则。

（1）可操作性和可度量性原则

在选择评价指标时，应尽可能多地考虑数据的易得到性和易采集性，在选取指标时应遵循简单、明确、方便、有效、实用的原则。评价指标的优劣性应有明显的可度量性，在进行矿产地质环境影响评价时，评价指标多为主观性较强的指标，在选用指标时，应充分考虑它们是否可直接或间接地进行赋值量化。

（2）科学性原则

评价指标的选取、评价标准的来源等建立在科学准确的基础上，与此同时，指标体系中的指标应易于该系统的公众理解和接受。评价指标的来源大体有三种：一是直接引用国家标准或者行业规范中的指标；二是参考相关行业规范中的指标，充分结合矿产地质环境特点，经过修改成为矿产地质环境的评价指标；三是制定新的指标，重点是矿产地质灾害和生态环境影响的相关指标。

（3）可比性原则

矿产所处区域位置的不同可能导致矿产地质环境影响因子存在一定差异，为提高不同区域位置的矿产地质环境影响评价结果的可比性，在评价指标的选择上，应优先选取具有区域内矿产地质环境共性的指标，并尽量采用统一的评价标准进行评价。针对勘查区存在的特殊问题，应充分考虑其与通用指标的层次性、关联性，视情况确定是否将其并入通用指标或临时增设特殊指标，以提高结果的可靠性。

（4）独立性与整体性原则

建立评价体系时，尽量选择具有相对独立性的指标，以此避免指标间信息量的重复带来的大量运算及结果偏差，同时要有整体性指标，将所有因子作为整体进行观察和研究。

（5）全面性原则

评价指标体系作为一个有机整体，应从不同角度反映系统的特征，不能遗漏主要方面或有所偏差，否则评价结果就不能客观、真实、全面地反映被评价对象。

2. 评价指标量化分级

矿产地质环境影响评价具有复杂性和系统性，其评价结果受多种因素共同控制，为确保评价结果的科学性、客观性与可比性，可以参考《区域地质环境调查总则》（DD2004-02）和《矿山地质环境调查评价规范》（DD2014-05）等国家和地方的相关技术规范、标准，结合已有矿产地质环境影响评价指标体系研究成果，将各评价指标和要素划分为 4 个等级，采用 4 分制的评分方法进行评价指标量化分级，即影响轻微（1 分）、影响较轻（2 分）、影响较严重（3 分）和影响严重（4 分）。矿产地质环境影响评价指标的分级标准如表 4-2 所示。

表 4-2　矿产地质环境影响评价指标分级标准

准则层	指标层	轻微（1分）	较轻（2分）	较严重（3分）	严重（4分）
地质环境背景	地形坡度	［0，20］	［20，30］	［30，45］	［45，90］
	地质构造	断裂构造不发育	断裂构造弱发育	断裂构造较发育	断裂构造强发育
	植被覆盖率	［60，100］	［40，60］	［20，40］	［0，20］
资源破坏	对原生地形地貌景观影响程度	轻微	较轻	较严重	严重
	对可视范围内地形地貌景观影响程度	轻微	较轻	较严重	严重
	土地损毁面积*	［0，5］	［5，10］	［10，20］	>20
	含水层破坏	未破坏含水层	破坏含水层，地下水位无明显下降	破坏含水层，地下水位下降<10 m	破坏含水层，地下水位下降>10 m
地质灾害	易发性	—	小	中	大
	发育规模		小型	中型	大型
	威胁人数	［0，3］	［3，10］	［10，50］	>50
	经济财产损失	［0，20］	［20，50］	［50，100］	>100
矿山开发利用状况	生产规模	—	小型	中型	大型
	开采方式	—	地下开采	山坡露天开采	凹陷露天开采
	治理修复率	［80，100］	［50，80］	［20，50］	［0，20］

注：*表示若损毁基本农田则直接定为严重（4分）。

（三）矿产地质环境影响评价方法

目前，常用的矿产地质环境影响评价方法有层次分析法、模糊综合评价法等，不同的模型有各自的优缺点和适用条件。

1. 层次分析法

层次分析法（AHP）的基本原理：根据人的思维规律，面对复杂的选择问题，将问题分解成各个组成因素，再将这些因素按支配关系分组形成递阶层次结构，通过两两比较的方式确定层次中诸多因素的相对重要性，就可以得到一个重要性比较矩阵。这种方法极大程度地降低了分析难度，使这类问题的决策和排序得到了简化。

此种分析方法一般需要经历以下四个步骤，第一个步骤是建立递阶层次的模型，在此步骤中，要对勘查区以及勘查区周边的地质环境十分得了解。第二个步骤是建立上述模型的判断矩阵。第三个步骤是对上一步骤矩阵的一致性进行验证。第四个步骤就是对所建立的整个模型的一致性进行验证。

2. 模糊综合评价法

模糊综合评价法最早由我国学者汪培庄提出，该方法能够将待考察的研究对象以及反映研究对象的模糊概念作为一定的模糊集合，通过建立适当的隶属度函数，并进行相关运算和变换后，能够对研究对象做出比较全面、合理的评价，尤其适用于多层次、多要素、多指标的问题。在矿产地质环境影响评价中，评价因子往往存在难以量化、不具明确的等级界限等问题，模糊综合评价法通过构建隶属度函数，把反映各种地质环境问题的定性指标和定量指标，统一转化为反映地质环境影响程度的量化数值，从而得到准确的评价结果。由于模糊综合评价法具备其他方法所不具有的特点和适宜性，因此该方法被广泛应用于矿产地质环境影响评价中。

第二节　矿产普查阶段

一、普查阶段概述

普查阶段的工作重点是在矿化潜力较大的地区，以成矿地质构造背景、成矿堆积环境和简要的经济技术条件的研究为主，通过一定的勘查手段，对普查地段（全范围）的成矿潜力做出判断。其主要勘查任务是在成矿有利区域圈出有利成矿远景区，回答下一步"在哪里找矿"的问题。普查工作年限一般为数月到数年，投入一般不足总勘查费用的 10%，这一阶段探求的推断资源量的可信度一般为 15% ～ 50%。在实际普查工作过程中，有些参照现行规范推荐的基本工程间距，放稀一倍的见矿工程圈连的资源量，其可信度可达 60%。

普查阶段，对开采条件简单的矿床，可依据与同类型矿山开采条件进行类比，对矿床开采技术条件做出类比评价；对水文地质条件复杂并对开采可能产生影响的矿床，可进行适当的水文地质工作，了解对开采可能有影响的开采技术条件方面的相关因素；对已发现的矿产，可与邻区同类型已开采的矿山，基于矿石物质组成、主要矿石矿物、脉石矿物、结构构造、嵌布特征、粒度大小、有用有益有害组分等影响选冶条件的各因素进行类比，对无类比条件的或新类型的矿石，则需进行可选（冶）性试验，为是否值得推进下一步的工作提供依据。

二、普查阶段的合理勘查程度

普查阶段的勘查程度一般应达到：①大致查明地质特征和成矿地质条件；②通过填图等技术手段及数量有限的取样工程，大致了解主要矿体的地质特征，大致查明矿石的物质组成、矿石质量，对矿石加工选冶性能做出概略评述，进行相应的综合评价；③对矿致物探、化探异常进行Ⅰ～Ⅱ级验证；④大致了解矿床开采技术条件；⑤进行概略研究，研究有无投资机会，如值得转入详查则应圈出详查区范围，采用一般工业指标估算推断的资源量和预测的资源量。

普查阶段合理的勘查程度应重点注意以下几方面。

第一，对整个普查区域（或探矿权范围）的成矿潜力做出判断。填图、物化探及异常查证等面上的工作应部署在整个普查区（或探矿权）范围，在整个地质特征、矿致异常和矿（化）体特征大致查明的基础上，集中在成矿潜力较大的局部地段，布置各种勘查方法和手段及数量有限的取样工程，大致控制主要矿体的特征。

第二，重视综合勘查、综合评价。在整个普查区域（或探矿权范围）内，应充分利用与主矿种相关的各种勘查评价的方法和手段，对有可能的共生矿产（包括非金属）资源进行综合勘查、综合评价。共、伴生矿产的勘查程度，尽可能与主矿种一致但不需强求一致。

第三，普查工作应适量。普查过程中，在整个普查区（或探矿权）范围的地质特征、矿致异常和矿（化）体特征大致查明的基础上，对地表工程见矿不好、深部施工1～2个钻孔也未见矿的，不应机械地完成设计的所有工作量；在地表对矿体大致控制后，根据验证异常和初步控制矿体的需要，一般以推断的工程间距的稀疏剖面和有限取样工程控制矿体。在圈出有利成矿远景区后，及时转入详查阶段。

第四，注重普查项目进度管理，主要包括以下内容。

其一，工作责任分解与分配。通过工作分解结构与责任矩阵两方面，解决责任推诿问题，可以为相关项目提供参考。

① WBS 项目任务分解。工作分解结构（Work Breakdown Structure）是对整体任务进行分解的一种基本途径，主要目的是把整体任务拆分为多个工作单元或工作包，从而使其能够落实到具体的个人，分解结果可以作为编制进度计划与落实责任体系的基础。首先根据矿产普查项目的具体情况，将其工作分解为四个层次，并制定编号的规则。

具体来讲，应以普查项目的整体工作部署与过程为基础，将项目的前期准备、野外工作、室内工作、评审验收四项主要工作阶段作为四项 1 级单元，再将各个工作阶段中的各项任务，按照其工作范围、工作内容、工作数量、技术要求、评价与验收标准的相关说明，形成完整的 WBS 分解结构图。

基于对项目详细系统的任务分解的结果，通过收集整理各项已完工的任务的工期及进度资料，对比各项任务在进度计划制定之初的估算进度安排，得到新的示踪甘特图。

② 责任分配表。责任矩阵（Responsibility Matrix）是 WBS（行）与 OBS（Organization Breakdown Structure，组织分工结构）（列）组合而成的矩阵，该矩阵也可以责任分配表的形式展现。将项目进行 WBS 工作结构分解后，对所有最低层次的工作分配相应的主要负责人（Z）、次要责任人（C）以及辅助人员（F）。矿产勘查处作为相应矿产勘查项目的项目组和实施部门，负责完成项目的主要工作，同时需要协调物探工程处、钻探工程处、实验室、选矿厂完成其各自任务。基于 WBS 与矿产勘查处的人员配置，制定相应的责任分配表。其中主要负责人（Z）应为项目部指派的专门承担该项工作的人员，对确保该项工作的顺利实施、成果提交承担主要责任，由于物探工作、钻探工作、选矿工作的实际工作内容分别由物探工程处、钻探工程处、实验室、选矿厂承担，矿产勘查处的主要责任人需要负责确保工作能够顺利对接，避免出现分歧。由于地质勘查工作的复杂性和特殊性，还需要为每一项子任务或工作包分配次要责任人（C）参与到工作当中，协助主要责任人完成工作，同时也要防止主要责任人由于特殊原因不能及时履行职责的情况出现。此外，对于矿产勘查处专门负责的地质测量工作以及核心工作评审与验收，均分配了一定数量的辅助人员（F），确保工作能够及时完成。

通过上述工作，落实了项目部的每一个人员的责任。不但明确了部门内部的工作职责，也明确了与其他部门相互配合时的对接人员及其责任。

其二，完善进度风险管理。项目的进度风险存在于整个项目周期，因此进度风险管理也应当贯穿项目的各个环节，以保证项目进度目标的实现。

①进度风险识别。图解法是一种简单有效的风险识别技术工具，常用的图解法包括流程图法、鱼骨图法、事故树法等。在问题分析阶段取得成果的基础上，可以进一步广泛参考同类已完工项目的经验教训，并查阅相关文献资料，针对矿产地质普查项目的具体实施过程，即以前期准备→野外工作→室内整理→评审验收四个工作阶段的工作流程为逻辑，使用图解法中的流程图法，对可能在同类项目中出现的意外因素进行整理与归类，最终将归类合并为8项进度风险源，并对其进行编码，完成了矿产地质普查项目进度风险识别图。

②进度风险应对措施。在对矿产地质普查项目的四项进度风险源进行评估后，基于其在风险坐标图中的分区，分别制定了相应的应对措施。

a. 工作实施方案未获通过（前期准备阶段）：通常情况下，项目若能够得到批复，表明其工作部署及实施方案已基本得到各方认可，因此发生的概率不大。但不排除在所实施项目的前期准备阶段出现意外，导致实施方案需要修改，一旦发生，将直接导致项目停滞，从而拖延进度。因此对此类风险采取的应对措施应为减轻风险，即在项目申请和编写项目设计书、工作部署及实施方案时，尽可能保证其合理性，减少该风险出现的可能。

b. 异常天气（野外工作阶段）：野外工作难免会遇到异常天气，但施工单位常年从事相关生产活动，对此并不陌生，因此通常情况下，异常天气对进度影响不大，只是应当考虑极端情况下的影响。对于此类风险应采取的应对方式为设置相应的时间/工期储备，即在制定进度计划时，适度考虑该类风险发生后可能带来的影响，进而预留出一定的时间，该措施也应与采取计划评审技术进行时间估算的方法与要求相配套。

c. 异常地质条件（野外工作阶段）：通常指深部地层特殊，导致钻探工程的钻孔钻进困难，该情况偶尔会发生，发生后通常会导致钻探工程施工进展缓慢。然而地质情况是客观条件，无法改变，为此，采取的应对措施为设置储备时间/工期，即采取计划评审技术估算工期时，对该因素予以充分考虑。

d. 设备故障（野外工作阶段）：通常为钻机或挖掘机故障，这种现象时有发生，如果没有提前做好应对措施，则会影响进度，其中钻机的机械故障可能导致严重的进度延误。对于此类风险，可以采取预防风险的措施和减轻风险的措施。对于槽探工程的挖掘机，可以提前联系备用台班，出现意外能够及时调换；对于钻探工程中的钻机，确保施工人员严格按照机械操作规程施工，对操作员进行充分的职业技能培训，减少钻机故障发生的概率。

第三节 矿产详查阶段

一、详查阶段概述

详查阶段一般以对矿床地质特征、矿体特征和矿石质量进行详细的研究以及经济技术条件可行的初步研究为主，该阶段的主要勘查任务：回答勘查对象是否具有工业价值,决策目的是提供具有现时工业意义的矿床或仅具将来意义的矿床，又或者是予以否定而马上终止进一步的投资勘查。

详查阶段应进行系统的地质勘查工作：基本查明矿床地质特征；基本查明控制或破坏矿体的因素；基本确定矿体的连续性并通过预可行性研究，做出是否具有现实工业价值的评价；圈出资源储量范围，估算控制的资源储量，为下一步勘探提供依据。

在详查阶段，除了基本查明矿床、矿体地质特征，矿石质量和加工、选、冶技术性能和主要矿床开采技术条件之外，还需根据取得的资料，采用论证、批准的工业指标估算控制的资源储量、推断的资源储量等。

详查工作范围一般采用中到大比例尺的地质测量，工作年限一般为一年到数年不等，投入一般为总勘查费用的 25% ～ 50%，详终勘查费用一般为总勘查费用的 70% ～ 90%，风险（资源量的误差）一般小于 60%。

二、详查阶段的合理勘查程度

（一）勘查研究程度

1.地质研究程度

通过 1 : 10 000 ～ 1 : 2 000 地质填图、系统的工程控制及采样测试，基本查明矿区（床）的地层、构造、围岩蚀变等地质特征及其与成矿地质条件之间的关系，以及成矿后的构造、岩脉对矿体的破坏影响程度，描述矿床的成矿地质模型；基本查明主要矿体（层）的数量、规模、产状、空间位置、形态、内部结构和厚度、品位变化（系数），以及矿化规律、对比标志等；基本查明矿体（层）中夹石的岩性、种类、规模、形态、产状、分布情况，以及顶、底板围岩的岩性、含矿性和稳固性等。

对适宜露天开采的矿体（层），要对其露天开采境界及底部边界进行基本控制，对边坡稳定性做出判断；对地下开采的矿体（层）侧重控制两端边界和倾向延伸。对风化壳矿床，应基本查明风化壳的发育程度、矿物组合以及金属矿物在各粒级中的分布；基本确定全风化带、半风化带、原生带的标高界线。

2. 矿石质量研究程度

矿石组分及赋存状态研究：基本查明矿石的矿石矿物、脉石矿物的种类及含量、共伴生组合、嵌布粒度特征，以及矿石的结构构造特征；基本查明矿石的化学有用有益有害组分。

矿石类型划分研究：按矿石中所含有用矿物种类，结合脉（岩）体的内部构造（或岩相带）划分矿石品种。对风化壳型矿床，按有用有益矿物种类、含量、组构特征、风化程度，划分为全风化氧化型矿石、半风化矿石和原生矿石等自然类型。

3. 综合勘查综合评价研究程度

应基本查明矿床详查区段有综合利用价值的（同体和异体）共生矿产，伴生矿产中有用、有益、有害组分的种类、含量、变化特征、分布规律、赋存状态及其与主元素的相互关系，进行综合勘查评价，探讨其工业回收利用的可能性。

一般采用揭露主矿产的工程综合勘查和评价共、伴生矿产；当揭露主矿产的工程间距达不到共、伴生矿产的相应要求时，而且该矿产的资源储量规模达到中型及以上时，应根据矿山建设设计和开采的实际需要和可能，按该矿产的勘查规范要求适当增加探矿工程或进行专门的勘查评价工作。

（二）勘查控制程度

1. 估算的控制的资源量要求

在普查阶段初步查明矿体性质之后，布置系统取样工程对矿体加以控制，应基本控制矿体的分布范围，矿体出露于地表的边界及延深应有系统工程控制，满足基本确定矿体规模、形态及连续性的需要。关于浅地表工程控制应尽可能采用绿色环保的勘查手段（如浅钻）对浅地表进行工程控制。

详查阶段控制的工程间距是根据勘查类型来确定的，是进行勘查工作的基本网度，也是估算控制的资源储量的工程网度。对于有类比条件的小型矿床，可用类比法确定最佳的工程间距；对于大中型矿床，一般应在详查阶段选择一定的块段运用抽稀法等方法，验证工程间距的合理性；探矿工程数量较多时，可用地质统计学等确定最佳工程间距。圈定估算的控制的矿产资源储量应达到国家要求的矿山最小生产规模和最低服务年限的基本要求。

2. 复杂小矿在详查阶段的合理控制程度

在详查阶段，对于按照第Ⅲ勘查类型的基本工程间距仍不能有效地控制主要矿体（达不到基本查明）的复杂小矿，应从地质、技术、经济、环境、社区等方面论证，及时得出终止进一步勘查的结论。虽然暂不能作为矿山建设设计的依据，但建议由投资方决定是否推进下一步的加密工程。

对于复杂小型矿床，如果占全区资源量 80% 以上的主矿体已经采用基本工程间距进行控制或基本查明，探求的矿产资源量达到矿山最低生产规模及最低服务年限的要求，则可以确定在技术上基本可靠、在经济上基本合理。

对于复杂小型矿床中主矿体附近的小矿体，建议地质部门只查明赋存位置，求出推断的资源量，将此作为矿山开拓设计的参考依据。

第四节　矿产勘探阶段

一、勘探阶段概述

勘探是指针对已知具有工业价值的矿床或经详查圈出的勘探区，通过各种采样工程（其间距足以肯定工业矿化的连续性），详细查明矿体的形态、产状、大小、空间位置和矿石质量特征；详细查明矿床开采技术条件，对矿石的加工选、冶性能进行实验室流程试验或实验室扩大连续试验，为可行性研究和矿权转让以及矿山设计和建设提交地质勘探报告。

勘查工程布置原则应根据矿床地质特征和矿山建设的需要具体确定。一般应在地质综合研究的基础上，参考同类型矿床勘探工程布置的经验和典型实例，采取先行控制，按照由稀到密、稀密结合，由浅到深、深浅结合，典型解剖、区别对待的原则进行布置。为了便于储量计算和综合研究，勘查工程应尽可能布置在勘查线上。

二、勘探阶段的合理勘查程度

（一）勘查研究程度

1. 地质研究程度

勘探是在详查的基础上开展的，地质研究程度方面出现的问题较少，只存在个别没有建立矿床地质模型，或未确定全风化带、半风化带、原生带的界线等情况。事实上，地质研究应该是一个持续的过程，地质研究除了要贯穿整个勘查阶段外，在矿山设计、建设、生产的过程中，也应不断进行地质研究。

2. 矿石质量研究程度

矿石质量研究程度方面容易出现的一些问题，主要是对个别元素的赋存状态的研究不够深入、不够详实，如未详细查明钨锡矿、铜锡矿中锡的赋存状态，矿物颗粒及各赋存状态所占的比例，这些都会对选矿回收造成严重的影响。

勘探阶段对矿石质量的研究需详细、全面，指导矿山基建期间矿山选厂的流程设计、设备选型等。

3. 综合勘查综合评价研究程度

除了原规范对综合勘查综合评价研究程度的要求，还应该以有利于多矿种混合开采或规模开采为原则，重视综合工业指标或当量指标的研究与制订，尽可能充分利用和综合回收共生、伴生的矿产资源，追求经济效益最大化。

（二）勘查控制程度

1. 勘查工程间距的确定

勘查工程间距的确定与矿床勘查类型有关，矿床勘查类型的确定应以矿体自身的特征为依据，亦即与矿体五种主要地质因素有关。勘查总则提出的五种因素是矿体的规模、矿体的形态、内部结构复杂程度、有用组分分布均匀程度、构造影响程度。而有色金属、贵金属、稀有金属和稀土矿产的地质勘查规范提出的五种因素当中，矿体的规模、矿体的形态、有用组分分布均匀程度、构造影响程度四个因素与总则一致，而用厚度稳定程度替代了总则的内部结构复杂程度。

通过探采对比发现，对于厚大矿体，特别是球状矿体，厚度稳定程度因素对勘查类型的影响有限，而内部结构复杂程度因素的影响相对较大；对于脉状、似层状、板状矿体，厚度稳定程度因素对勘查类型的影响相对较大，特别是堆积的铝土矿，基底起伏不平导致矿体厚度变化大，对勘查类型的影响权重更大；对于成矿后构造复杂、对矿体破坏大的，构造影响程度因素对勘查类型的影响权重应该更大。所以，确定矿床勘查类型的地质因素不应该是一成不变的，特别是各因素的权重，建议加强研究、灵活运用。

对于勘查工程中数量较多的矿床，可以采用地质统计学或其他数理统计学的方法确定最佳工程间距；对于大型矿床，建议对一定矿段或者矿块采用不同勘查手段的工程验证、试验以确定最佳工程间距。

2.控制程度方面出现的不合理现象的调整建议

（1）充分考虑多矿种混合开采以节约勘查工程量

在控制程度方面，充分考虑多矿种混合开采以节约勘查工程量，下面将举例说明。对于湖南临湘市的桃林铅锌矿，原勘查报告将现有的矿体圈定为铅矿带、锌矿带、萤石矿带，按第Ⅲ勘查类型（按现行规范相当于第Ⅱ勘查类型）进行勘查；生产后因无法分采分选将铅矿带、锌矿带、萤石矿带圈统一定为铅锌萤石矿，使得矿体规模巨大且产状稳定，依据现行勘查规范划为第Ⅰ勘查类型。据探采对比，将原勘查工程抽稀一倍，仅以（工程质量须符合要求）钻探求控制的资源储量，也可作为矿山开拓设计依据。如果勘查时考虑多矿种混合开采、混合选矿，可大大降低勘查投入，加快地质勘查的速度。

（2）勘探阶段估算资源储量采用的矿床工业指标问题

针对固体矿产勘查总则关于勘探阶段工业指标要求前后表述不一的问题，建议在勘探阶段，由地勘单位会同投资人结合预可行性研究或可行性研究论证确定，并根据由矿产主管部门组织矿山设计院的专家进行评审后下达的正式工业指标圈定矿体，估算相应类型的储量、基础储量和资源量。

第五章 矿产地质勘查的实例分析

地质勘查技术无论是过去还是现在都在不断发展，尤其是随着现代科学技术的快速发展，许多新兴科技不断应用于地质勘探中。地质勘查是国家经济建设和社会发展的基础性行业，为寻找国内外的能源矿产做出了巨大的贡献。在矿产地质勘查时，采用适宜的技术，将极大地促进国内外矿业的可持续发展。本章分为国外矿产地质勘查实例、国内矿产地质勘查实例两部分。

第一节 国外矿产地质勘查实例

一、美国内华达州卡林型金矿床

美国内华达州是世界上最重要的卡林型金矿成矿区，卡林型金矿最初是美国矿床学家 1962 年在美国西部的内华达州新发现的一种容矿围岩为薄层碳酸盐岩的金，是主要以微细浸染状赋存在含砷硫化物中的金矿床类型，后来学者便根据其最初发现地卡林镇将其命名为卡林型金矿。自从这类新的矿床类型被发现并命名以后，在该区相继发现了大量的具有相似特征的金矿床，并将其划分为五个卡林型金矿区（带），成为世界最重要的金矿分布区和金产地之一。

自在内华达州卡林镇发现并命名卡林型金矿床以来，来自各国的科学家对这些金矿床形成的时代和动力学背景、容矿地层和岩石类型、控矿条件、围岩蚀变和矿物共生序列、矿物学和微区地球化学、传统和非传统同位素等科学问题开展了细致的研究，取得了一系列重要成果，简述如下。

①查明了与金矿化相关的热液蚀变类型和矿物共生序列。金矿床普遍发生 Au（金）–As（砷）–Cu（铜）–Sb（锑）–Hg（汞）–Te（碲）–Tl（铊）元素组合矿化异常，银（Ag）和其他贱金属未见矿化，并广泛发育中低温热液蚀变类型（去

碳酸盐化、硅化、硫化物化、泥化、方解石化和白云石化等），其中与金矿化有关的蚀变类型主要为硫化物，形成含砷载金黄铁矿和少量毒砂，次要的含金矿物为辉锑矿、雌黄、雄黄等含砷矿物。金矿化过程可以划分为两个阶段：第一阶段是成矿期，该阶段主要形成含砷黄铁矿、白铁矿、伊利石、高岭石和石英；第二阶段是成矿晚期，该阶段主要形成的矿物包括辉锑矿、萤石、雄黄、雌黄、辰砂、方解石、硫砷汞铊矿、斜硫砷汞铊矿、硫砷汞铜矿等。此外，金矿化之前围岩中的矿物主要有方解石、铁白云石、黄铁矿、黄铜矿、方铅矿、石英等，金矿化过程中形成的含砷黄铁矿和毒砂中的铁被认为来自围岩中的含铁硫化物和含铁碳酸盐岩矿物。

②基本厘清了金的赋存状态。含砷黄铁矿中的金主要以 Au^{+1} 和银金矿的形式存在，含金硫化物矿物的原位微区微量元素显示，Au/As 均分布在 $1：10 \sim 1：1000$，暗示金除了以离子态存在外还应该存在纳米级金粒子。

③确定了成矿流体的性质与成分组成。流体包裹体显微测温和成分分析显示，卡林型金矿的成矿流体为低温、低盐度、弱酸性、含有少量 CO_2 和 H_2S、贫 Fe 的还原性流体。

④明确了成矿深度。美国学者根据钻孔揭露的矿体埋深、发生金矿化蚀变的岩浆岩的结构和矿区内地层厚度重建等资料，明确了林型金矿形成时的深度应该不超过 2 km。

⑤基本厘清了成矿时代及其动力学背景。通过采用与金矿化关系密切的热液蚀变矿物分别进行定年，基本把卡林型金矿化的年龄限定在 42 ～ 36 Ma，与始新世该地区盆地拉张裂陷和深部岩浆侵入在时空上基本一致，同时也暗示了卡林型金矿作用与岩浆活动的密切联系。但是，上述用于定年的矿物的成因和分布的广泛性使得它们在卡林型金矿床定年工作的应用中不具有普适性。例如，热液绢云母颗粒较小，且确定其与金成矿的关系较为困难，冰长石和硫砷汞铊矿仅在少数矿床中有发现，分布较局限，不能把该方法推广到矿区其他金矿床。

⑥提出了矿床成因和成矿模式。通过系统的岩石地球化学、矿物微区原位地球化学、流体包裹体、多元同位素和年代学研究，提出了多种矿床成因模式。一是深循环大气降水成因模式，该模式的主要证据包括部分沉积地层中的黄铁矿存在金（Au）和其他元素富集，表明沉积地层可能为金矿化提供了 Au，Au 可能来源于沉积地层。此外，该模式还被流体包裹体、部分传统稳定同位素证据所支持。二是与矿区内的浅部侵入体相关的成因模式，该模式认为卡林型金矿床与矿区范围内广泛出露的岩浆侵入体具有成因联系，主要证据包含部分侵入体发生斑

岩和砂卡岩型矿化，并在平面上和纵向上产生明显的矿化元素分带现象，而卡林型金矿可以与上述矿化类型形成空间上完整的成矿系统。同时，该模式还得到了部分地质、元素地球化学、同位素地球化学和部分年代学数据的支持。三是深部来源流体模式，该模式认为卡林型金矿成矿相关流体主要来自深部变质流体或岩浆分异的含金流体，支撑该模式的证据包括载金含砷黄铁矿的二次离子质谱分析仪（SIMS）原位 S 同位素数据。

　　内华达州位于北美克拉通边缘的盆山环境中，形成时间与弧后伸展时间重叠。内华达州的矿床形成于约 42 ～ 36 Ma，金可能来自流体对地层的淋滤，成矿流体包括盆地流体和大气降水，或者岩浆热液。这两种情况的驱动机制均是始新世伸展构造体制下的岩浆作用。在内华达州，与俯冲作用有关的岩浆岩分布十分广泛，既有花岗岩体，也有始新世岩脉和火山岩，并且在时间和空间上与始新世岩浆活动有关。

　　内华达地区卡林型金矿床 Au 及其成矿流体的三种可能来源：沉积模式，始新世的伸展构造使围岩渗透率增加，同时使渗入的大气降水温度上升，流体从预富集的沉积物中萃取出金；变质模式，下地壳变质流体沿着贯通基底的断层上升，并从预富集的变质沉积物中萃取金；岩浆模式，深部的深层岩体熔融出含金岩浆流体，随后流体分成贫金的卤水和富金的气相，后者在冷却过程中变为液态成矿流体。

　　内华达地区的卡琳型金矿床带具有可作为勘查指标的明显的地球化学和蚀变特征。除 Au 和 Ag 外，As、Sb、Hg、Ba（钡）和 Tl 以及最近开展的 Zn（锌）都曾作为勘查指标。然而，由于寄主岩石为碳酸盐，这些金属活动特征的范围非常有限，仅离矿带外 1 ～ 2 km。而其蚀变仅在矿体 1 km 以内明显。因此，有必要开发一种能在更广泛的地区识别岩石是否受到古水热流体蚀变的方法作为矿产勘查工具。位于内华达州西南的 Pipeline 矿床（一种露天矿）内部及周围开展了低温测年技术（原生磷灰石裂变径迹）和稳定同位素测量，以评估这些手段是否能与地质、地球化学及地球物理手段相结合，从而提供有效的勘查指标，来确立古水热流体位置并寻找经济矿床。Pipeline 矿床主要应用的勘查方法是钻探再加上运气。而对其南部类似矿床的发现，则是对以往钻探结果和地下地质剖面重新评价的结果，同位素热年代学和稳定同位素相结合在矿产勘查方面具有强大潜力。在理想条件下，含矿水热系统能够用小的体积携带大量矿质，进而形成具有清晰边界的高品位矿床。

二、智利斯潘赛（Spence）斑岩型铜矿床

矿产资源是天然赋存于地壳内部或出露于地表，呈固态、液态或气态的，并具有开发利用价值的矿物或有用元素的集合体，是人类社会和经济发展不可或缺的重要物质基础和保障。铜作为大宗矿产之一，在金属材料领域的消费量中仅次于铁和铝，是电力、基础设施建设以及新能源汽车领域的核心金属。

斑岩型矿床是指在时间上、空间上和成因上与浅成或超浅成中酸性斑岩体有关的细脉浸染型矿床，具有成矿深度浅、规模大、品位低、易开采、热液蚀变规模大、分带明显等特征。斑岩型矿床作为 Cu、Mo（钼）、Au 等金属矿产资源的最重要来源，为世界提供了 3/4 的铜矿资源，一半的钼矿资源，接近 1/5 的金矿资源。斑岩型铜矿床是世界铜资源的主要来源，并以其伴生的钼、金、银以及 PGE（铂族元素）等有色贵金属，长期以来倍受国内外经济地质学家关注。

全球超大型、大型斑岩型铜矿床大多分布于岛弧和大陆边缘等俯冲边界。板块俯冲模式较好地解释了俯冲带斑岩型矿床和岩浆作用，俯冲带背景下到底是挤压环境还是伸展环境更有利于斑岩型矿床形成，长期以来是学界争议的焦点。有的学者认为挤压环境有利于深部岩浆在地壳浅部形成较大的岩浆房，充分的结晶利于岩浆热液的形成，之后地壳快速抬升减压可以促使成矿流体出溶。也有学者认为由挤压向伸展转换阶段有利于斑岩型矿床的形成，大洋板块俯冲时角度由陡变缓更有利于斑岩型矿床的形成。

斑岩型铜矿床可形成于与俯冲作用相关的四种构造环境：正常的岛弧环境、碰撞岩石圈增厚环境、碰撞后岩石圈拆沉环境和碰撞后伸张环境，而成矿的关键在于存在一个由俯冲作用改造的岛弧岩石圈。在俯冲背景下（岛弧或陆缘弧环境），斑岩型矿床成矿斑岩以中酸性钙碱性系列岩石为主，岩石类型通常包括石英闪长岩、石英二长岩、花岗闪长岩等。在碰撞造山背景下，成矿斑岩多为以高钾为特征的高钾钙碱性系列岩石和钾玄岩系列岩石，岩石类型主要为花岗闪长岩和二长花岗岩。大量岩石地球化学研究表明，多数与斑岩铜矿床成矿相关的岩浆具有类似埃达克质岩的地球化学特征。在弧岩浆斑岩成矿系统中成矿物质（包括铜、金、钼等成矿金属和硫、氯、水等挥发分）的来源主要包括俯冲洋壳、岩石圈地幔和地壳三个端元，具体而言，一般认为硫和水来源于俯冲板片，金、铜元素来源于地幔，而钼、铅等元素来自地壳或俯冲板片。然而，铜在各地质端元中的含量显示，原始地幔端元和陆壳端元中铜的含量均远低于洋壳端元中的。通过分析俯冲洋壳、地幔橄榄岩和下地壳三端元不同氧逸度条件下的部分熔融模型，发现在高

氧逸度下，俯冲洋壳部分熔融产生的熔体中 Cu 含量高达 400 ppm，远高于下地壳和地幔橄榄岩部分熔融熔体，表明洋壳部分熔融产生的埃达克质熔体可能具有更大的成矿潜力。

根据蚀变和矿化矿物组合，提出了经典的斑岩型铜矿蚀变和矿化分带模型。该模型显示斑岩型铜矿发育由矿化中心向外呈"钟罩"状的矿化和蚀变分带：钾化带发育在核部斑岩体中心，是主要的铜成矿带，以发育钾长石、石英和黑云母等钾硅酸盐蚀变矿物为特征，形成磁铁矿、黄铁矿和黄铜矿等矿物矿化带；以绿帘石、绿泥石和方解石等矿物组成的青磐岩化带产于蚀变带外围，可延伸至矿化中心数千米，常不发育硫化物或发育贫硫化物黄铁矿壳；绢英岩化常叠加在青磐岩化带和钾化带上，蚀变矿物组合为绢云母、石英和黄铁矿等，常形成富黄铁矿壳和高品位多金属硫化物矿体。

Spence 斑岩型铜矿床位于智利北部的港口城市安托法加斯塔（Antofagasta）东北 120 km 处，该矿床与石英二长岩的岩株和岩墙相关。这些岩株和岩墙穿插在晚侏罗世和白垩纪的安山岩和火山碎屑中。矿化作用局限于 3 个多期次的火山中心内，其间有岩墙相连。这些火山中心，尤其是南部的一个，也含有晚期热液角砾岩。相关的蚀变表现为，中心是早期的钾硅酸盐岩，边缘为晚期的绿泥石化与绿磐岩化蚀变矿物组合。深成硫化物矿物主要为黄铁矿和黄铜矿，有少量斑铜矿和辉钼矿伴生，后者呈细脉或浸染状颗粒产出

三、巴西条带状铁质建造型卡拉贾斯铁矿床

条带状含铁建造在全球各个大洲均广泛分布，其形成年代介于 3.8～0.6 Ga。含铁建造是形成经济型铁矿床的基础。绝大多数大型铁矿床分布在澳大利亚、巴西、加拿大拉布拉多海槽、南非德兰士瓦盆地和印度半岛等。除了经济需求外，条带状含铁建造也被用来解译地质历史时期古海洋和地表环境的性质以及大气中氧气和海洋生物的演化过程。虽然一些地质作用已经抹去了杂岩体原始沉积物的主要特征，导致巴西条带状含铁建造发生了变质和风化，但全球性钢铁需求量的增加使得低品位的变质条带状含铁建造型铁矿床也成为勘探目标。

巴西的卡拉贾斯（Carajas）铁矿床为阿耳果马型铁质建造，与优地槽带火山岩和硬砂岩型沉积物有密切联系。卡拉贾斯成矿带位于巴西亚马孙克拉通的东南部边缘，其东邻托坎廷斯—巴西利亚褶皱带和马拉尼昂盆地，南部与似花岗岩—绿岩地体相接，北部为亚马逊地区中元古代和新生代沉积岩，是世界上最重要的成矿带之一。全区含铁层及石英岩、千枚岩、云母片岩大面积分布，其上覆盖戈

罗梯尔建造（石英砂岩）、其下伏片麻岩及花岗岩，三者呈不整合接触。全区在开阔的复向斜的南、北翼形成了南、北山铁矿床。NNW 向断裂穿过南、北山间延至南山最东部，为全区的主要构造线。

全区森林茂密，在一次直升机着陆时发现了铁矿体上的铁角烁岩，于是对已有的航空照片进行了分析，发现坚硬的含铁层清晰可辨，在森林茂密的情况下铁角烁岩上的树木极少。然后进行了 1∶50 000 的踏勘性地质填图以及航空和地面磁测，并配合进行地貌研究，迅速查明了铁矿的分布范围。在勘查中使用小船、小型飞机和直升机，空运全部人员、装备和供应品，进行了详细地质填图，并做了航测、地面磁测及试验性电阻率测量。勘探过程中使用大型钻机和小型钻机打钻孔，并完成了 3 400 m 坑道工程，并做化学分析。该铁矿品位高达 66%，属世界少有的最优质铁矿石资源。作为全球最大的露天铁矿，其为全球市场供应了高品质的铁矿产品。在该区又发现了世界上最大的铁氧化物铜—金矿床（群）。

四、加拿大萨德伯里地区铜镍矿

加拿大萨德伯里铜镍矿区闻名世界，位于加拿大地盾南部，萨德伯里市北缘，铜、镍矿均产出于该构造岩体的边缘。自 1886 年加拿大萨德伯里（Sudbury）铜镍矿床被发现已来，该类矿床以品位高、储量大的特征受到勘查界和学术界的极大关注。历经长达百年的努力，全世界地质工作者相继发现了多处矿床。

萨德伯里含矿的苏长岩"底板"位于萨德伯里火成岩体的底部，在杂岩体边缘通常是含矿的石英闪长岩"支脉"。发现有多个大型矿床和小型矿床。在 19 世纪中叶，就已经开始了对萨德伯里地区的勘查工作。最初利用基础地质方法发现了镍山、小斯托比两座矿山。20 世纪中叶，利用地面磁法和钻探方法，发现了林兹里矿区。在萨德伯里火成杂岩接触带底板以下还存在很富的底板型矿床。为了勘探深部矿体，在已有钻孔基础上，利用地－井 TEM 对林兹里矿床进行深部矿产勘查，使得钻孔的勘查半径从 10 cm 扩大到 200 ～ 300 m。后来，利用地—井 TEM 在萨德伯里矿区相继发现了深达 2 430 m 的大型、高品位的维克多矿床、东麦克格雷迪矿床以及克雷顿矿床。因此，在该矿区中，查明杂岩体与围岩的界面是实现深部找矿突破的关键，采用重力测量和反射地震为推测深部矿体提供了一定的指导作用，在此基础上利用老钻孔和一批新钻孔，采用地－井 TEM 方法扩大周边的探测范围，发现了深部良导体，圈定出深部矿体，为下一步钻孔找矿指明方向。

第二节　国内矿产地质勘查实例

一、中国右江盆地卡林型金矿床

南盘江—右江地区是我国最重要的卡林型金矿床集中产区之一，也是公认的世界第二大低温成矿域，同时也是我国华南大范围低温成矿域的重要组成部分。区内产出金矿床（点）数百个，其中包括超大型金矿床两个、特大型—大型金矿床十几个和一大批中小型金矿床，共同构成了我国西南著名的"金三角"区。右江盆地北部5个赋存在碳酸盐岩中的金矿床——水银洞、紫木肉、太平洞、戈塘和泥堡，除戈塘金矿床外均形成于中生代。对紫木凼、水银洞和戈塘金矿床的方解石/萤石进行 Sm–Nd 同位素年龄测定，得到成矿年龄分别为 250 ± 14 Ma、135 ± 3 Ma 和 35.83 ± 0.37 Ma。右江盆地南部的三个卡林型金矿——八渡、者桑和老寨湾金矿床均赋存在辉绿岩中。者桑和老寨湾金矿床年龄为 213.6 ± 5.4 Ma 和 216 ± 5.4 Ma。八渡金矿的成矿年龄为 137 ± 20 Ma。

右江盆地内及其周围的岩浆活动产生了一系列长英质和超镁铁质岩石，盆地边缘断裂沿线广泛分布着花岗岩。其中，东部大厂花岗岩脉和昆仑关花岗岩脉的形成时间为 93 ± 1 Ma，西部个旧花岗岩脉、碱性岩和煌斑岩的成岩年龄分别为 $85 \sim 77.4$ Ma 和 $77.2 \sim 76.6$ Ma，都龙花岗岩脉和薄竹山花岗岩脉的年龄较为接近，依次为 83.3 ± 1.5 Ma 和 $87.8 \sim 86.5$ Ma。右江盆地内的长英质和超镁铁质岩系包括贵州西南部白层地区超基性岩脉和桂西北巴马、风山、凌云地区的石英斑岩脉。这些高精度的测年结果表明，右江盆地内及其周围的岩浆活动集中在 $100 \sim 76$ Ma。与岩浆活动在空间和时间上相关的矿床大多是大型锡铅锌矿床和钨矿床，如个旧锡矿床、都龙铅锌矿床、大厂锡多金属矿、王社铜钨矿床和大明山钨矿区等。

尽管滇黔桂地区北部金矿床与内华达州卡林型金矿床的成矿流体具有不同的温度、压力、成分和成矿物质来源，但在赋矿岩石、蚀变类型、成矿物质运移模式、元素组合以及金的赋存状态等方面具有许多共同特征，因此它们可能具有相似的沉淀机制。通过硫化作用，富含 H_2S 和 Au、贫 Fe 的流体与宿主岩包中的含铁矿物发生反应使 Au 和黄铁矿一起沉淀下来；或与相邻蚀变带中含铁矿物溶解产生的含铁流体混合而形成金矿床。滇黔桂地区北部金矿床的流体包裹体研究表明，成矿流体具有中等盐度和温度，CO_2 含量变化范围较大，贫 Fe 以及富 As、Sb 和

Au 等成矿元素的特征。虽然一些层控矿床在辉锑—雄黄晚期发生了相分离，但在载金硫化物的沉积过程中没有发现相分离现象。含 S（硫）、As、Au、Sb 和贫 Fe 流体与围岩中含铁方解石和白云石发生的交代作用，可以证明载金铁硫化物是由于富含 H_2S 和 Au 的流体与围岩中的含铁矿物发生了硫化反应而形成。盆地南缘辉绿岩型金矿床流体包裹体与造山型金矿床流体包裹体相似，具有盐度较低，温度和 CO_2 浓度较高的特征。辉绿岩中铁镁矿物的交代作用以及 Fe 的残余和 S 的引入表明，载金铁硫化物也是从富含 H_2S 和 Au 的流体与围岩中含铁矿物的硫化反应过程中沉积而来。

中西南右江盆地也是世界上最重要的卡林型金矿成矿区，右江盆地卡林型金矿床与内华达州卡林型金矿床的成矿地质背景基本相似，均受到克拉通裂谷作用，被动大陆边缘沉积作用以及造山运动的影响。矿体皆受构造控制，主要赋存于碳酸盐岩或碎屑岩中。滇黔桂地区北部卡林型金矿赋存于二叠纪至中三叠纪台地碳酸盐岩和硅质碎屑岩中，南部多个矿床产于寒武纪至三叠纪硅质碎屑岩中，少数产于晚二叠世辉绿岩侵入岩或火山碎屑岩中。显著富集 Au、As、Hg、Sb 和 Tl 元素，成矿流体特征为中低温、低盐度，含 CO_2、CH_4 以及 H_2S；金主要以亚微米级颗粒金或"不可见"的固溶体形式赋存于富砷黄铁矿和毒砂边缘。晚期辉锑矿、雄黄和雌黄充填在金矿化外围的裂隙中。右江盆地卡林型金矿床成矿物质的来源亦可分为三类：与变质岩有关；与岩浆岩有关；与大气降水或盆地卤水有关。滇黔桂地区卡林型金矿床的成矿地质背景为晚三叠世—早侏罗世的转换压缩机制，与西秦岭卡林型金矿床的成矿地质背景相似。右江盆地地区在时间和空间上不存在与矿床形成相关的长英质岩浆岩。

在矿床及相似的成矿地质条件下，除了利用"S"型成矿/找矿模型进行找矿勘查和成矿预测之外，矿床中 Au、As、S 和硅化的三维富集规律也为找矿提供了重要标志。矿床中硅化主要以石英形式存在，硅化程度由强到弱可划分为块状、层状、粗脉状、网状、细脉状、浸染状，这些结构的硅化并不是孤立存在的，而是相互连接，构成一个硅化体系。成熟度较高的块状、层状和粗脉状石英主要发育于背斜、断裂破碎带、不整合面和滑脱面等部位，在其外围常常伴有大量的网状、细脉状和浸染状石英。观察泥堡金矿床中的赋矿岩石硅化特征发现，没有硅化或硅化较弱部位矿化弱。硅化呈浸染状、细脉状和网状组合分布部位周围常发育大量微细粒浸染状黄铁矿、含砷黄铁矿和毒砂，有利于金矿化。进一步硅化会破坏已形成的载金矿物，表现出强硅化不利于金矿化。根据以上特征，进行卡林型金矿床找矿时，可以采取"三步"找矿，一是找背斜、断裂破碎带、不整合面和滑脱面等部位，二是找硅化，三是在硅化成熟度低的部位找黄铁矿和毒砂等。同时，矿床中矿化部位周围均伴有硅化，而硅化在矿床中是一个体系，整体上是连续的，且在热液作用下形成，其形成的空间形态往往代表着成矿流体迁移路径。因此，在已有的矿床和矿化点周围，应通过追溯硅化，结合成矿地质特征进行找矿。综合以上特征，针对卡林型金矿床，可将"三步"找矿法和"追溯法"相结合来进行找矿。从矿床中 Au、As、S 的三维富集规律和相关性发现，Au、As、S 之间的富集规律相似，且显示出较好的正相关变化趋势。其中 Au 与 As、Au 与 S 的相关性均分两段，第一段 Au 与 As 相关系数为 0.60～0.88，平均为 0.72，呈强正相关，Au 与 S 的相关系数为 0.79～0.86，平均为 0.82，为极强正相关；第二段较高含量的 Au 对应较高含量的 As 和 S。而 As 与 S 的相关系数为 0.39～0.84，平均为 0.60，为强正相关。因此，在金矿床及相似矿床的成矿预测和找矿勘查中，Au、As、S 之间的富集规律和相关性系数可作为一个参考指标，尤其是同时存在高 As 和高 S 且 As 与 S 具有较好相关性的区域，为找矿靶区。

近十年来，国内外学者通过激光剥蚀等离子体质谱、高精度高分辨离子探针、二次离子质谱、电子探针技术以及其他手段对右江盆地内卡林型金矿进行主微量元素分析，同位素定年，流体包裹体测试和碳、氢、氧、硫同位素等大量研究，为矿床形成时代、矿床成因、成矿物质来源和成矿机制分析指明了方向。

二、云南省铅锌矿床

云南省地处祖国西南边陲，西部与缅甸，南部与老挝、越南毗连，是中国连接东南亚国家的很重要的陆路大通道，有 20 多条出境公路，与柬埔寨、泰国、孟加拉国、印度等国相距也很近，交通极为便利。今后，应充分利用云南省自身的区位优势，加强与毗邻东南亚国家的有关企业合作，建成铅锌矿产资源原材料及技术的集散地。泛亚铁路、滇缅铁路的即将建成，以及湄公河航运的开通，将极大地促进云南省经济的快速发展。

铅锌矿在云南省国民经济发展中具有重要的意义，云南省具有很好的成矿地质条件，最老地层为元古界（可能有太古界），古生界、中生界、新生界均较发育，岩浆活动频繁，长期的地质构造运动、多期次的成矿作用，造就了云南省矿业大省的地位。自中华人民共和国成立以来，国家对云南省进行了大规模的地质调查与勘查工作；而由于近年地质勘查资金投入很少、找矿难度加大及经济环境变革等各方面的原因，已查明铅锌资源量增长赶不上消耗的增长量，铅锌可采资源储量将处于持续不足的格局。近年来我国铅锌资源基础储量总体变少，主要是找矿突破战略行动的实施才有了现在的成果。因此，加大铅锌矿产资源勘查工作，将极大地促进云南省国民经济的发展。

根据云南省成矿地质条件，在充分收集和研究地矿、地调、有色、矿山、科研机构等单位以往地、物、化、遥成果等资料的基础上，特别是近30年工作成果的基础上，从面着眼，从点入手，按照点面结合的原则，以铅、锌为主攻矿种，同时加强对Ag、Ge（锗）、Sr（锶）、Cd（镉）、In（铟）等伴生及共生相关矿种的调查与研究。以碳酸盐岩型铅锌矿、砂砾岩型铅锌矿、矽卡岩型铅锌矿、火山岩型铅锌矿为主攻目标，按照分阶段、分区部署，点、线、面结合，重点突出，兼顾一般的原则，以新发现和提交一批可供详查、勘探、开采的矿产地为目标，进行阶段性综合信息成矿预测与找矿靶区圈定，最终提交可供开发的矿产地，云南省自然资源厅作为主管部门，需要牵头协调工作。

云南省铅锌矿产资源主要分布于滇东北、滇西、滇西南、滇东南等地，主要有滇东北会泽、毛坪、乐红、茂租—金沙厂碳酸盐岩型铅锌矿；滇西兰坪金顶砂砾岩型铅锌矿、滇西西邑碳酸盐岩型铅锌矿、滇西保山桃核坪—金厂河NS向矽卡岩型铅锌矿带、滇西腾冲大硐厂—铜厂山矽卡岩型铅锌银矿，滇西南澜沧海相火山岩型铅锌矿，滇西南芦子园矽卡岩型铅锌矿；滇东南都龙矽卡岩型铅锌矿以及其他成因的铅锌矿等。云南省铅锌矿分布明显受到地域的影响，也就是受到不同成矿地质作用的制约。

根据区域成矿地质背景、矿区及周缘成矿地质作用、地质单元含矿性研究及其他成矿地质要素等，结合区域成矿类型、控矿因素，将成矿条件分布集中、规模大、处于同一构造带的成矿地质单元、找矿的有利地段，划分为铅锌资源勘查布局的主要地段，划分为A、B、C、D、E、F、G共7个区块。

①滇东北地区（A）。从含矿地层时代来看，本区铅锌矿大致有从西向东赋矿地层由老到新的特点。西部茂租—金沙厂一线、乐红铅锌矿体主要赋存于震旦系灯影组白云岩中；彝良毛坪及NE一线，赋矿岩性多为泥盆系宰格组碳酸盐岩；会泽矿山厂地区赋矿岩性主要为石炭系摆佐组白云岩；富源一带多为二叠系茅口组碳酸盐岩。会泽NE向成矿区（A1）与小江深断裂连通的NE向新山—矿山厂断裂及其他NE向构造是该区主要的导矿构造，在会泽矿区（A1）、毛坪矿区主攻的矿床类型为"层控型"碳酸盐岩型铅锌矿。乐红矿区主攻的矿床类型为"断控型"碳酸盐岩型铅锌矿。在茂租—金沙厂一线主攻的矿床类型为"层控型"碳酸盐岩型铅锌矿，因此，需要在此NE向成矿带上加强地质勘查。

②滇西地区。滇西地区主要的铅锌矿有兰坪金顶砂砾岩型铅锌矿（B）、腾冲大硐厂—铜厂山矽卡岩型铅锌银矿（C）、保山核桃坪—金厂河矽卡岩型铅锌矿带（D）、保山西邑矽卡岩型铅锌矿（D）等。兰坪金顶铅锌矿床规模达到超大型，该区成矿条件很好，有必要在此及周缘进一步开展铅锌资源勘查布局。兰坪金顶铅锌矿床及周缘主攻的矿床类型为砂砾岩型铅锌矿。同时，在兰坪县东部的菜子地有一个中型铅锌矿，矿体赋存于三叠系石钟山组白云岩中，矿体沿层间破碎带产出，矿化主要受构造、层位、岩性、蚀变控制，矿床规模达到中型，推测成矿时代为早白垩世。腾冲大硐厂—铜厂山铅锌银矿床为中型矿床，赋矿地层均为二叠系大东厂组，岩性均为大理岩，成矿时代为燕山期，成矿与该区燕山期酸性岩浆活动关系密切。该区成矿条件极好，在该区及周缘需要开展勘查部署，以寻找与矽卡岩型（主要是燕山期酸性岩浆活动及其产物）铅锌矿有关的金属矿产。在保山市周缘的核桃坪、金厂河、西邑、东山、杨广寨、勐糯、摆田等见到多个中型铅锌矿，有酸盐岩型的铅锌矿，也有矽卡岩型的铅锌矿。在开展铅锌矿勘查的时候，需要综合考量区域地质背景以及各种成矿要素，以期获得更好的地质找矿效果。

③滇西南地区。滇西南地区主要的铅锌矿床就是芦子园铅锌矿（E）及澜沧铅锌矿（F）。芦子园铅锌矿及周缘主攻的矿床类型为矽卡岩型铅锌矿。在芦子园南侧的沧源县有一中型铅锌矿，成矿作用与芦子园铅锌矿极为类似，均与岩浆活动关系密切，其成矿时代为喜马拉雅早期。因此，需要综合考量区域地质背景，以及各种成矿要素，以期获得更好的地质找矿效果。澜沧铅锌矿床规模大，成矿条件很好，澜沧铅锌矿及周缘主攻的矿床类型为海相火山岩型铅锌矿。

④滇东南地区。滇东南地区主要的铅锌矿床就是都龙锌锡矿床和红石岩铅锌矿（G）。在滇东南地区开展铅锌矿勘查，要综合考量区域地质背景以及各种成矿要素，以获得更好的地质找矿效果。

21世纪以来，特别是云南省实施找矿突破战略行动以来，云南省铅锌矿产资源地质勘查成果很多，云南省铅锌资源保障程度得到了很大程度的提高，有利于本省铅锌产业的健康和谐发展。随着下一步云南省铅锌勘查工作的深入拓展，铅锌等金属矿产在内的更多资源将会被发现，让资源保障能力得到很大的提高，也有助于我国的资源体系安全；另外，还可以较好地推进我国国民经济和谐发展，并使工业化进程得到加快；此外，由于交通等原因，云南省地质工作程度与中国其他地方相比偏低，因此，一定会再发现一批大型、超大型铅锌矿产资源基地。

三、青海东昆仑造山带东段铜镍硫化物矿床

青海省东昆仑造山带隶属于中央造山带，吉林大学与青海省第五地质矿产勘查院在东昆仑祁漫塔格地区联合发现了夏日哈木超大型镍矿，为东昆仑地区寻找与镁铁质—超镁铁质侵入岩有关的岩浆型铜镍硫化物矿床提供了有力依据，实现了东昆仑地区镍矿找矿突破。东昆仑造山带位于青藏高原北部，以阿尔金断裂为界西邻西昆仑，东止于哇洪山温泉断裂与西秦岭相接，北邻柴达木盆地，南以昆南断裂为界，横跨新疆、青海两行政区，新疆辖区内称为东昆仑西段，青海辖区内称为东昆仑东段。东昆仑造山带东段，山脉耸立，沟谷纵横，总体地势西高东低。鄂拉山高耸其东，昆仑山脉和阿尼玛卿山横亘其南。

东昆仑显生宙经历了加里东晚期、海西晚期和印支晚期三期镁铁质—超镁铁质岩成岩成矿事件，由于三个时期东昆仑地区处于不同动力学演化及构造背景下，因此，不同时期镁铁质—超镁铁质岩体的成岩性及成矿性均存在差异。

①东昆仑加里东晚期万宝沟玄武岩高原与柴达木地块拼贴过程中，洋壳俯冲至上地幔在高压下发生脱水、榴辉岩相变质作用，原特提斯洋闭合后万宝沟玄武岩高原与昆中带碰撞拼贴，发生特殊的"软碰撞"，万宝沟玄武岩高原巨大的厚度导致拼贴的过程中浅部产生巨大的阻力，持续的拖拽力与阻力共同作用，导致俯冲板片被"拉断"，发生板片断离并形成板片窗，软流圈地幔物质上涌、减压熔融，诱发大规模幔源岩浆活动，地幔大比例熔融形成的高温高镁苦橄质岩浆，是加里东晚期镁铁质—超镁铁质岩的母岩浆，尚未俯冲板片携带"榴辉岩化洋壳"发生快速折返，形成一条高压—超高压变质带，在快速折返过程中榴辉岩发生退变质作用形成榴闪岩。镁铁质—超镁铁质岩的母岩浆由于热力学状态应力沿深大断裂向上侵位至地壳，在地壳下部形成深部岩浆房。由于地壳中含硫地层与之混染，富硅质和铝质壳源物质和外源硫的加入促进了硫达到饱和，随着温度压力的进一步降低，在橄榄石未发生大规模分离结晶时硫化物熔离，硫化物熔体由于密度较高，在重力作用的影响下向下沉淀于岩浆房底部形成早期富硫化物矿浆，Ni（镍）元素优先进入硫化物熔体后，硅酸盐熔浆中出现 Ni 亏损，进而在岩浆房不同部位形成含矿性不同的硅酸盐熔浆，表现为下部为超镁铁质熔浆，中部为镁铁质熔浆，上部为贫 Ni 低镁铁硅酸盐熔浆。

②海西晚期东昆仑地区经历大规模玄武质岩浆活动，形成亏损岩石圈地幔源区，随后东昆仑在二叠纪早期经历古特提斯洋向北俯冲消减，俯冲带南移，并在东昆仑地区形成大量与俯冲有关的岩浆岩，这些岩浆活动为一连续岩浆演化序列，

发育一系列中酸性岩，同时发育少量辉长岩脉。持续的俯冲使昆南带万宝沟玄武岩高原发生翻转，引起地幔楔软流圈上涌，使亏损岩石圈地幔部分熔融，形成镁铁质—超镁铁质岩母岩浆。母岩浆有早期流体交代（隐形交代）的岩石圈地幔组分加入，由于熔融比例较低，未形成具规模的超镁铁质岩，只在镁铁质岩中零星分布少量超镁铁质岩，不利于硫化物熔离富集成矿。希望沟地区形成镁铁质—超镁铁质杂岩体，成矿模式与加里东晚期成矿模式类似，即"深部熔离＋就地熔离＋多期次侵位"，早期上部贫 Ni 低镁铁硅酸盐熔浆先侵位，在有利部位形成贫 Ni 镁铁质岩体（辉长岩）；后期贫矿熔浆发生侵位，形成含矿岩体，岩体中多见星点状、稀疏浸染状矿物。但由于海西晚期东昆仑地区整体处于挤压背景，母岩浆熔融比例较低，多发育辉长岩岩体，超镁铁质岩体发育规模小，成矿物质含量较低，不利于金属硫化物富集成矿，不利于铜镍硫化物矿床的形成。

③东昆仑印支晚期处于碰撞后的伸展环境，中三叠世古特提斯洋消减—闭合后，俯冲作用导致陆壳加厚，下地壳增厚并榴辉岩化，随后岩石圈大规模拆沉、减薄，导致软流圈地幔物质上涌而减压熔融形成的大规模幔源岩浆底侵，富集岩石圈地幔熔融形成镁铁质－超镁铁质岩浆源区。该时期超镁铁质岩发育规模小，目前仅发现少量辉长岩，多以岩脉状产出，极少区域发育少量辉石岩，除开木棋河中游西杂岩体发育零星铜镍矿化外，其余岩体未见明显矿化。东昆仑地区印支晚期地幔源区部分熔融比例较低，进而导致部分熔融形成母岩浆中硫达到饱和，大量硫化物滞留在源区，母岩浆中易于 S（SO_4^{2-}）结合的金属元素含量偏低，母岩浆在深部岩浆房经历分离结晶后向上侵位形成大量含矿性较差且以辉长岩为主的镁铁质岩体，几乎不发育超镁铁质岩。

四、青海东昆仑德里特萤石铅多金属矿床

德里特萤石铅多金属矿区位于青海省海西蒙古族藏族自治州都兰县宗加镇，距格尔木 220 km。国道 109 和 G6 京藏高速公路从研究区北部的诺木洪通过，自诺木洪向南有便道可到达工作区，距离约 120 km，交通相对方便。研究区位于昆仑山东端，区内山势陡峭，地形切割强烈，山脊岩石大面积裸露，在山间盆地、沟谷及山麓中有风成黄土及风成砂覆盖。区内平均海拔 4 100 ～ 5 200 m，相对高差约 1 100 m。区内属于典型的大陆性高原荒漠气候，昼夜温差大，冬季气候寒冷，年平均气温为 3 ～ 4℃。7 ～ 8 月为雨季，年降水量为 140 ～ 180 mm。海拔 4 000 m 以上的山区则全年有霜冻，6 ～ 10 月为地质勘查野外工作最佳时间。区内的水系网度较密，属于柴达木盆地内陆水系。发源于布尔汗布达山北坡

的河流，属于湍流型山地小溪，源近流短，多为时令河，因受柴达木盆地侵蚀基准面的控制，流向大致为南北向。区内的植物以草本植物为主，植物的垂直分布极其明显，海拔 3 800 m 以下，山坡上生长有柏树林，谷地生长有白杨、红柳，3 800～4 000 m 生长有山柳、黑刺及边麻等灌木林，4 000～4 500 m 为高山草甸，4 500 m 以上为高山荒漠地带，多为岩石裸露，寸草不生。研究区产有大黄、雪莲、麻黄、锁阳、茵陈等藏药材。区内以蒙民为主，主要从事牧业，牲畜以马、羊、骆驼为主，兼有少量的牦牛。劳动力相对不足，经济落后。

研究区内岩浆岩侵入活动强烈，特别是加里东期—印支期中酸性侵入岩，德里特萤石铅多金属矿的赋矿围岩主要为加里东期二长花岗岩以及印支期钾长花岗岩。研究区有大量花岗斑岩岩体沿构造裂隙侵入加里东期侵入岩、印支期侵入岩及万宝沟火山岩组中，而部分矿体赋存于岩体中，矿体与岩体空间上关系密切，岩体侵位、冷凝收缩形成构造空间为萤石沉淀提供了赋矿空间，且岩体自身发生了强烈的蚀变和矿化，岩体中心矿体规模较大，岩体两侧矿体延伸较小。研究区萤石矿体赋存严格受断裂构造控制，矿体主要赋存于区内主北部断裂 F1 北侧的次级断裂中，沿着构造破碎带充填，走向与 F1 近似，为近 EW 向。压扭性断裂控制了岩体的侵入，不仅为岩体提供了侵入空间，也为含矿热液运移提供了良好的通道，成为矿液沉淀的场所。

德里特矿体赋存于加里东期二长花岗岩中，受断裂构造控制，矿体底部花岗斑岩岩体空间上与矿体相近，且岩体自身发生了强烈蚀变及矿化，岩体与成矿作用关系密切，因此认为岩体的结晶年龄大致为德里特萤石铅多金属矿成矿年龄，即 155±11 Ma，为晚侏罗世，处于早燕山期。

萤石从热液中沉淀出来的机制有许多种，萤石的主要沉淀分为以下三种：成矿流体温度和压力发生变化；两种或两种以上不同性质流体的混合；成矿流体与围岩发生水／岩反应。德里特萤石铅多金属矿流体包裹体显微测温结果显示流体温度分布在 1 079～1 800℃，温度较低，所以单纯的温度下降不是萤石沉淀的主要原因。成矿压力 7.15～15.55 MPa，成矿深度为 715～1 555 m，压力小成矿深度低，所以压力变化也不是导致萤石沉淀的主要因素。包裹体数据显示早期阶段流体盐度集中在 0.18%～9.07% NaCl eqv，盐度差距不大，H-O 同位素也显示流体主要由大气降水组成，所以不同性质流体的混合也不是导致萤石沉淀的主要因素。综上，最可能的沉淀机制为成矿流体与围岩发生水／岩反应。构造破碎带为大气降水提供了下渗的通道，对围岩进行淋滤，同时由下部岩体提供热动力，促进下渗大气水热液的循环，与围岩发生水／岩反应导致萤石沉淀。

　　萤石矿分为沉积改造型、热液充填型和伴生型三大类，其中主要类型是沉积改造型和热液充填型。德里特萤石铅多金属矿床的特征如下。

　　①矿床位于东昆仑造山带昆南复合拼贴带内，处在雪峰山—布尔汗布达山华力西—印支期铜、钴、金、玉石（稀有、稀土）成矿带。矿体与下部侵入岩体密切相关，受 EW 向展布的断裂构造控制，同时断裂也是矿床的贮矿场所。

　　②矿区内发育矿石矿物主要为萤石、方铅矿、闪锌矿等，脉石矿物有石英、方解石、高岭石、绿泥石以及绢云母等。围岩蚀变发育有硅化、高岭土化、绿泥石化和碳酸岩化，其中最普遍的蚀变类型为硅化和高岭土化，是一套低温热液蚀变矿物组合。

　　③流体包裹体显微测温结果显示低温、低盐度与低密度的特征，通过对成矿流体进行成矿压力与成矿深度估算，得出成矿压力小、成矿深度浅的特征。

　　④ H–O 同位素显示成矿流体主要为大气降水，早期阶段可能存在少量岩浆水，后期则几乎全部为大气降水；S 同位素研究暗示幔源岩浆侵位时，可能有壳源组分的加入。因此，德里特萤石铅多金属矿与岩体关系密切，在岩体中呈网脉状产出，岩体则严格受断裂构造控制，岩体的形态取决于裂隙的空间和形状，矿物组合、围岩蚀变等多方面特征明显为热液成因；结合较低的成矿温度，认为德里特萤石铅多金属矿床的成因类型为岩体和构造联合控制的低温热液脉型矿床。

　　德里特萤石铅多金属矿的形成与岩体和断裂构造有关。岩体与萤石成矿关系密切，在岩体中有清晰的蚀变以及网脉状矿化现象，而且岩体在发生侵位以及冷凝收缩时，会形成一定的构造空间，为矿液沉淀提供赋矿空间；断裂构造不仅控制了岩体的活动，也有利于大气降水的下渗，为热液的运移提供了通道。燕山期岩体侵入加里东期二长花岗岩中，在矿区北部的北西西向压扭性断裂处，大气降水沿构造裂隙下渗，在接触到岩体后，岩体作为热源为流体运移提供了热动力，促进了大气水的循环。在热液不断上升、运移的过程中发生水/岩反应，不断从围岩中萃取成矿物质，使得热液流体的矿化程度不断提高，当矿液运移至适宜的环境中（构造破碎带）矿质开始沉淀，由于萤石成矿温度较低，铅早于萤石先一步沉淀，含 Ca 和 F（氟）矿液则继续上升，在构造空间合适的环境中沉淀，最终形成了德里特萤石铅多金属矿。

五、青海东昆仑三通沟北锰矿床

　　三通沟北锰矿床位于东昆南复合拼贴带内，地处诺木洪郭勒上游的西侧，109 国道和 G6 京藏高速距工区 50 km，交通十分便利。2019 年青海省地质矿产勘查局第三地质勘查院开始在该区开展找矿工作，发现了大量的锰矿化带及矿体。相关地质工作人员在缺少对区内硅质岩成因认识的情况下，仅仅依据区内发育的细砂岩、杂砂岩与粉砂岩等，认为碎屑沉积为区内仅有的沉积样式，并且该碎屑沉积作用控制了锰矿体的发生与发展。2020年8月，吉林大学孙丰月教授项目组进驻该矿区，发现了热水沉积成因的硅质岩，提出了热水沉积岩＋含碳黑色岩系的"双建造"控矿模式，强调二者共同控制了三通沟北锰矿床的形成。

地层主要为奥陶—志留世纳赤台群、下中三叠统洪水川组火山岩段、上三叠统八宝山组碎屑岩段、火山岩段。岩浆岩包括花岗闪长岩、橄榄辉、石岩与辉长岩等。在预查区内纳赤台群地层中发现了5条锰矿带，其中Ⅰ、Ⅲ矿带地表出露长度400～1 000 m，矿带内均圈出厚大锰矿体。锰矿带顺沉积地层产出，具沉积成因矿床典型特征，与围岩界线清楚。根据现有成果，推测Ⅰ、Ⅱ、Ⅲ锰矿带很可能受背斜构造控制，且Ⅰ矿带位于背斜南翼，Ⅱ、Ⅲ矿带位于背斜北翼。理由如下。

Ⅰ、Ⅲ矿带倾向相反，而且两个矿带内的矿体向深部稳定延伸。钻孔ZK801只控制了Ⅰ矿带矿体深部，而钻孔ZK802也未能打到Ⅰ矿带；矿体的产出受地层控制，若想在如此近的距离使地层倾向相反，推测应受到外力作用。结合以上证据，推测Ⅰ、Ⅱ、Ⅲ锰矿带很可能受背斜构造控制。矿石矿物主要为菱锰矿，表面为褐—黑色，推测部分已变为氧化锰；隐晶质结构，层状构造，多以集合体形式出现。矿区内大面积露出奥陶—志留世纳赤台群。野外实地踏勘发现，锰矿（化）体多呈顺层状、与纳赤台群地层呈整合接触，产状与分布同地层相协调，沉积特征明显，暗示该矿床属于同生矿床。锰矿体的形成时代与纳赤台群地层的时代大致相同。①锰矿石地球化学特征。一般来说，根据微量元素比值可有效判别锰矿床的沉积环境。三通沟菱锰矿石的La/Ce为0.48～0.52，Y/Ho平均值为25.8，表明形成过程中受到了热水沉积作用的影响。②硅质岩地球化学特征。目前，在ZK804钻孔中发现了硅质岩，锰矿体与硅质岩关系密切。矿区内的硅质岩整体呈层状、似层状产出。三通沟北矿区的硅质岩应为海底热水成因，有碎屑物质混入。综合野外地质特征以及对锰矿石与硅质岩地球化学特征的研究，认为三通沟北锰矿床应为热水沉积锰矿床。

三通沟北锰矿床的含锰矿物主要为菱锰矿。沉积过程中的氧化还原条件、Eh与pH条件以及控矿的热水沉积建造特征等，都对矿床的最终形成起到了重要作用。①氧化还原条件。氧化还原状态对于含锰矿物的形成具有决定性作用。当处于还原环境中，以Mn^{2+}形式存在，溶解度较高。而还原状态下的Mn^{2+}有机会与氧接触，被氧化成 Mn^{4+} 而形成氧化物并沉淀。所以，锰质赋存形态及锰矿的发育主要由氧化还原环境的波动所控制。矿区内的含锰矿物主要为菱锰矿，结合其形成条件，推测应在还原环境下形成。②Eh 与 pH 条件。锰的沉积化学环境受控于自身的浓度与所处环境的 Eh 与 pH 条件。当环境的 pH 值小于 7 时，Mn 在溶液中能以离子化合物形式稳定存在；反之，当 pH＞8 时，则可沉淀富集。当 Eh＞0 时，Mn 以高价（+3，+4 价）矿物形式出现；若形成 +2 价锰矿，环境的 Eh 应小于 0。海相环境的还原条件极佳，有利于低价。据此推断锰矿形成时，环境的 pH 为大于 8 的碱性条件，且 Eh 小于 0。③控矿的热水沉积建造特征，即热水沉积岩 + 含碳黑色岩系构成的"热水沉积活动的双建造"。对三通沟北锰矿床的勘查过程中，在 ZK802 以及 ZK804 钻孔内的锰矿体附近识别出了以硅质岩为主的热水沉积岩，并发现了与锰矿体关系密切的含碳黑色岩系。这种岩石组合与"热水沉积活动的双建造"具有很大的相似性。因此，热水沉积硅质岩以及相伴的含碳黑色岩系可能为热水沉积矿床普遍存在的岩石组合，将其称为热水沉积的"双建造"。

三通沟北锰矿床形成于加里东期的拉张洋壳环境中。当海底大面积低温（小于 13 ℃）渗流作用发生时，会形成氧逸度较高的环境并带来大量的锰质。由于渗流作用发生的温度高于海水温度，热水流体加入海水中使周围环境变得温暖，继而诱发生物活动。当热水活动停止时，各种生物也会随之消亡，在缺氧环境下这些生物遗体会以"含碳黑色岩系"的形式保存下来。在锰矿体附近发现了大量"含碳黑色岩系"，侧面指示热水渗流沉积活动期大量的生物活动。

由于海底大面积的热水渗流沉积作用与大洋带来的碎屑物质的正常沉积作用此消彼长，成矿段附近可见含碎屑量不同的硅质岩，如浅色较纯硅质岩和灰黑色—黑色含碳不纯硅质岩，可能分别对应了热水渗流沉积作用相对较强和较弱阶段。整体上硅质岩层具有一定的厚度规模，暗示海底热水渗流沉积作用活动的持续性，这种持续的低温渗流作用在洋底积攒了较多的锰质，为三通沟北锰矿床的形成提供了物质基础。砂岩夹层的出现，表明热水渗流的过程中沉积环境出现了动荡。该动荡的环境，一方面能带来足量的 CO_3^{2-}，另外，也会导致物理化学条件发生变化（氧化还原电位），从而诱发菱锰矿沉淀。

参 考 文 献

［1］高庆华.地质力学的发展与矿产预测［M］.北京：地质出版社，2011.

［2］陈洪冶，马振兴.地质勘查综合实训教程［M］.北京：地质出版社，2014.

［3］李洪奎，钟杰，元朝晖，等.昌乐县地质矿产资源开发利用研究［M］.北京：
地质出版社，2014.

［4］蔡运胜.金属矿产地质勘查中地球物理方法应用综述［M］.北京：地质出
版社，2015.

［5］李杏茹，梁凯，何凯涛，等.地质勘查高新技术发展路径研究［M］.北京：
地质出版社，2015.

［6］程新，杜国银，肖劲奔.地质矿产领域标准应用程度及效果评价［M］.北京：
地质出版社，2016.

［7］杜建国，万秋，兰学毅，等.安徽铜陵地区深部矿产地质调查与成矿预测［M］.
北京：地质出版社，2016.

［8］王文，吕晓岚，姚震.区域矿产资源开发利用地质技术经济综合评价［M］.
武汉：中国地质大学出版社，2016.

［9］孙自永，周爱国，补建伟，等.青藏高原矿产资源开发的地质环境承载力
评价方法研究［M］.武汉：中国地质大学出版社，2016.

［10］张慧，王常微，熊兴国，等.贵州省矿产资源潜力评价成矿地质背景研究
［M］.武汉：中国地质大学出版社，2018.

［11］李健强，任广利，高婷.西北地区矿产地质遥感应用研究［M］.武汉：
中国地质大学出版社，2018.

［12］曾华杰，张红军，李俊生，等.多金属矿产野外地质观察与研究［M］.郑州：
黄河水利出版社，2018.

［13］李伟新，巫素芳，魏国灵.矿产地质与生态环境［M］.武汉：华中科技
大学出版社，2020.

［14］李新民.新形势下地质矿产勘查及找矿技术研究［M］.北京：中国原子能出版社，2020.

［15］张鑫刚，孙仁斌，李仰春，等.肯尼亚地质矿产与矿业开发［M］.北京：地质出版社，2022.

［16］郭斌，高丽萍，马飞敏.矿产地质勘探与地理环境勘测［M］.北京：中国商业出版社，2021.

［17］苏正党.矿产地质勘查中的安全隐患及应对措施［J］.中国金属通报，2021（12）：86–88.

［18］赵东博.矿产地质勘查理论及技术方法的研究［J］.世界有色金属，2021（22）：110–111.

［19］旷爱华.矿产地质勘查与开发利用探究［J］.世界有色金属，2021（14）：100–101.

［20］陈建.探究"互联网＋"时代下的矿产地质勘查技术方法［J］.中国金属通报，2021（8）：97–98.

［21］方跃云.探究矿产地质勘查环境问题及其有效治理［J］.低碳世界，2021，11（05）：103–104.

［22］任祥国.3S技术在矿产地质勘查工作中的应用研究［J］.世界有色金属，2021（8）：98–99.

［23］祁长岩.浅析有色金属矿产地质勘查中的安全隐患及应对措施［J］.世界有色金属，2021（6）：105–106.

［24］胡涛.提高地质矿产勘查及找矿技术有效策略研究［J］.有色金属设计，2021，48（1）：91–94.